I've Decided TO LIVE 120 YEARS

THE ANCIENT SECRET TO LONGEVITY, VITALITY AND LIFE TRANSFORMATION

我决定活到120岁

长寿、活力和生命转变的古老秘诀

[韩] 李承宪 —— 著　　[美] 陈文灿 —— 译

新世界出版社
NEW WORLD PRESS

著作权合同登记号：京权图字 01-2020-4888
I've Decided to Live 120 Years: The Ancient Secret to Longevity, Vitality, and Life Transformation

图书在版编目（CIP）数据

我决定活到120岁：长寿、活力和生命转变的古老秘诀 /（韩）李承宪著；（美）陈文灿译. -- 北京：新世界出版社, 2021.8（2025.1重印）
ISBN 978-7-5104-7321-0

Ⅰ. ①我… Ⅱ. ①李… ②陈… Ⅲ. ①成功心理－通俗读物 Ⅳ. ①B848.4-49

中国版本图书馆CIP数据核字（2021）第145688号

我决定活到120岁：长寿、活力和生命转变的古老秘诀

作　　者：[韩] 李承宪
译　　者：[美] 陈文灿
策划编辑：冀　晖
责任编辑：冀　晖
责任校对：宣　慧
责任印制：王宝根
出　　版：新世界出版社
网　　址：http：//www.nwp.com.cn
社　　址：北京西城区百万庄大街 24 号（100037）
发 行 部：（010）6899 5968（电话）（010）6899 0635（电话）
总 编 室：（010）6899 5424（电话）（010）6832 6679（传真）
版 权 部：+8610 6899 6306（电话） nwpcd@sina.com（电邮）
印　　刷：天津旭非印刷有限公司
经　　销：新华书店
开　　本：880mm×1230mm　1/32　尺寸：148mm×210mm
字　　数：160 千字　印张：8.5
版　　次：2021 年 8 月第 1 版　2025 年 1 月第 2 次印刷
书　　号：ISBN 978-7-5104-7321-0
定　　价：48.00 元

赞誉

这是一本令人愉快的指南，充满灵感，信息满满，无论任何年龄，只要想过充实、有活力、有意义生活的人都应该读一读。

——唐·米格·路易兹（《四个约定》作者）

这部值得称赞的作品揭示了充实生活的真谛。更重要的是，它提供了一个需要遵循的精确公式，帮助您尽可能活得充实、健康长寿。

——克里斯蒂安·诺斯鲁普（医学博士，《女性的身体，女性的智慧》作者）

我有幸亲身体验了他如何将对人类潜能的远见卓识转化为现实，并把他的忠告融入我自己的生活。如果有一本书不想错过，那就是这本。

——艾默兰·梅耶（医学博士，《心灵与直觉》作者）

本书智慧深邃，通俗易懂，而且非常实用。在这里读到的内容可以让您的生活马上变得更好，受益无穷。

——尼尔·唐纳德·沃尔什（《与神对话》系列作者）

在我们每个人如何定义自己的人生目标以及为实现其所选择的道路上，李承宪的思想闪耀着古老智慧和后现代智慧的光芒。他的作品的独到之处不仅在于原理，还有他将自己的善意注入其中。

——迈克尔·伯纳德·贝克威斯（《生命远见》作者）

改善你的健康，回馈社会，发现生命的意义并觉醒，任何时候开始都不会太晚。李承宪和你分享了如何做到这一切，尤其是在晚年。

——凯伦·伯格（卡巴拉中心精神领袖）

我选择和李承宪一起学习“活到120岁”来实现人生目标。88岁时，我觉得自己每天都有所不同！ 对于我们所有正在经历内心召唤的人来说，在未来几年人类最激进的变革里，这本书是必不可少的指南。

——芭芭拉·马克斯·胡巴德（意识进化基金会创始人）

我特别受益于他对整合我们身心健康的指导，释放我们在年龄中的老化，实现令人兴奋、有意义、圆满的生活。这是一本必读书，帮助我们寻求最大限度的个人愉悦并充分实现目标。

——里德·塔克森

（医学博士，美国国立卫生研究院补助和综合健康中心咨询委员会）

他通过实用的策略、探究性的问题和讲故事的艺术激励读者挑战自己，不仅要优雅地老去，而且要充分觉悟。这是一本必读书！

——杰西·琼斯

（博士，加州州立大学富勒顿分校健康社区中心主任）

这是一部用心凝练之作，提供可持续和实用的工具，指引你优雅地步入暮年。

——达雷尔·沃尔夫（排毒医生，《健康到100》作者）

谨以此书献给我的父亲，

他于我亦师亦友，

向我展示了一个真正仁慈和圆满的人生

目录 —— Contents

Introduction 序 —— 拥抱新人类和新地球 /xiii

Chapter 1 第一章 —— 我决定活到 120 岁 /001

选择 120 岁的理由 /004

你怎么看待活到 120 岁？ /007

尝试把年龄乘以 0.7 /009

生活习惯决定长寿 /010

你会选择活多久？ /013

Chapter 2 第二章 —— 人类真正的出路是什么 /017

前 60 年为成功而活 /021

后半生的典范 /024

找到真实的自己 /027

扩展大我 /030

Chapter 3 **第三章 —— 如何实现圆满 /035**

生命为什么可能实现圆满？ /038

身体的“三大宝藏” /040

生命如同艺术创作 /044

成为有觉悟的长者 /046

Chapter 4 **第四章 —— 反思前半生，规划后半生 /051**

重新撰写你的人生故事 /055

95 岁的自白 /061

改变开始于选择 /064

拥有自己的健康、快乐、平和 /068

Chapter 5 **第五章 —— 体力就是生命力：动起来 /073**

一分钟锻炼 /083

长生步行走 /088

肚脐疗愈 /097

身心自主 /106

Chapter 6 **第六章 —— 探索快乐新源泉 /109**

管理你的环境 /112

快乐的新源泉 /117

弘益的快乐 /119

觉醒的喜悦 /123

创作的喜悦 /124

Chapter 7 **第七章 —— 放下执着，寻求平和 /129**

是什么让我们沉沦？ /132

让内心自由地冥想 /138

Chapter 8 **第八章 —— 不怕孤独，享受独处 /143**

学会享受独处 /146

灿烂的独处有芬芳 /147

Chapter 9 **第九章 —— 给予大脑希望和梦想 /151**

给大脑补充希望 /155

如果自认为老了，你就会变老 /162

不要让大脑安于现状 /164
大脑冥想的正能量 /166
大脑引导我们走向圆满 /168

Chapter 10 **第十章 —— 自我精进不断 /171**
生命的三种觉知 /173
持续训练身心灵 /177
呼吸冥想，遇见自己 /180
精进自己，永续不停 /183

Chapter 11 **第十一章 —— 分享和给予 /187**
死而无憾 /190
创造快乐，分享与人 /192
如何应用生命的力量？ /195

Chapter 12 **第十二章 —— 亲近大自然 /199**
放下自我执着 /202
与大自然为友 /205

吸收圆满能量 /208
回归大自然 /209

Chapter 13 **第十三章 ——— 我们为后代留下了什么 /215**
为下一代做导师 /218
让我们留下一个更美好的环境 /221
像地球公民一样生活 /224
地球公民山本孝子 /227
宽容和共享的文化 /230
人类崭新的未来 /231

Afterword **后记 ——— 来自地球村的特别邀请 /237**

Acknowledgments **致谢 /247**

About the Author **关于作者 /249**

I've Decided

TO LIVE

120

YEARS

THE ANCIENT SECRET TO LONGEVITY, VITALITY AND LIFE TRANSFORMATION

“每一个人都会面对衰老，你现在的生活方式将会对生命的最后几十年产生巨大影响。后半生不是衰退期，它可以是黄金时代，惊人地充实且充满希望。”

Introduction

序

拥抱
新人类和新地球

Embracing a New Humanity and a New Earth

你能想象自己 120 岁时的模样吗？也许读到本书标题时会有所联想。你或许对活到 90 岁或 100 岁的想法司空见惯，120 岁听起来有点儿荒谬，所以可能会这样问自己：“难道这位作者发现了什么神秘的不老之泉？”

但我坦率地告诉你，我没有任何能保证你或其他人活到 120 岁的神秘药丸。我现在已经 60 多岁了，甚至不能保证自己活那么久——可是，我决定活到 120 岁。

这里的关键词是“决定”。我做了一个坚定不移的明确决定——要活到 120 岁。我不知道生命的最后一天什么时候来临，但带着活到 120 岁的期望生活是可行的，尤其是怀着具有深刻意义的人生目标、采取相应措施健康地生活。生物学研究表明，人体细胞具有 120 年的功能和再生能力，如果有相应的技术支持时间可能会更长。人的一生可以活这么久不是空想。

快 70 岁回顾人生时，我开始构思这本书，思考怎样度过余下的时光。年轻时，我觉得人生基本上 60 多岁就到头了，因为那时平均寿命不是很长，60 岁被视为长寿。但今天情况不同，人类寿命一般延长了 20 至 40 年。然而遗憾的是，我们的文化仍然发挥着作用，仿佛人生在 60 岁或 65 岁就结束了，很多人在这个年龄段丧失了人生目标或激情。最重要的是，大多数老年人不知道如何保持健康和活力，剥夺了自己对生活积极主动的能力。

如今人类比以往任何时候都长寿，每个人都在想办法安享晚年。我们现在触手可及大量应对老龄化的建议，这些建议来自健身机构、营养品供应商、书籍、互联网、电视和健康专家。但在我看来，这些建议似乎少了些什么，就是缺乏我认为的内心的东西。在人生的后半段，最重要的功课是找到一个目标，让余生富有意义。 这个目标让余生的每一刻都充满活力，没有这种东西，即使活到 80 岁也会觉得无聊和毫无意义。

我写这本书时想到的是那些年过四十的读者，他们已经开始思考规划后半生。实际上本书可以帮助任何人，不论年龄，只要是想过有意义、充实生活的人。毕竟，有一件事不可避免：除非年轻时遭遇不测，否则总有一天我们终将老去。规划一个充实的晚年就像规划职业生涯或者为退休基金捐款一样正常。每一个人都会面对年老，你现在的生活方式将会对生命的最后几十年产生巨大影响。

在规划晚年生活时，我一直信奉的原则是，当我们达到高度的自我觉知，就有可能为人类开创一个新未来，同时改变个人生活。

在过去的 37 年里，我的使命是帮助人们发现真实的自我，成为最好的自己。我创立了体脑瑜伽和大脑教育机构开发人类潜能，这两项都是基于韩国传统的身心训练系统。

这些训练项目现在全球范围内推广，教学内容还包括我已经出版的 40 多本书籍和两部电影。在每年数次的环球旅行中，从韩国到美国，到日本、英国、加拿大、德国、中国，现在是新西兰，我遇到了无数对改善和延长生命感兴趣的人。

虽然年事已高，但我要像仿佛还有很多年那样继续生活下去，继续努力为全人类建立一个充满希望和可持续的未来。两年前，我在新西兰北岛的小城市凯利凯利发起一个项目，创建了寄宿学校和社区，让数百人可以在人与自然和谐相处的地方体验一种自力更生、善待地球的生活方式，这个叫地球村的地方是一片占据 380 英亩的美丽林地。

通过地球村项目，访客们在美丽的自然环境中邂逅真实的自我。我想给人们一个“地球公民”的梦想，让人们超越渺小的自我，开始拥抱他人和世界。希望地球村可以成为一个和谐、共存、永远和平的世界典范。

请注意地球村愿景的一个重要部分：它是为人类未来而设计，而不仅仅是为了今天人们的需要。在任何年龄段，人们都很容易只关心日常生活中眼前发生的事情。特别是到晚年，极易对未来漠不关心，因为我们可能没机会去经历，所以也不觉得和自己有什么关系。但通过规划如何活到 120 岁，我们成为未来的利益相关者，就可以带着目标和愿景活到在地球上的最后一天。对我来说，选择活到 120 岁，就可以对在地球村项目中设定的计划负起全部责任。

本书的写作初衷是相信每个人一生都可以拥有目标和愿景，而非仅在前半生拥有。多年来，很多人告诉我这个计划很疯狂，终将失败。有时我的确失败了，但更多时候是成功的，最重要的是，我从未放弃。因此，许多人的生活得到了改善，许多人在生活中找到了自己的人生目标。

作为一个长者，你可能发现自己陷入了类似这样的困境：如果你认为自己在这个年龄还可以做一些新鲜重要的事情，人们可能会说这一定是疯了。但我告诉你，你可以做到。你可以带着梦想和激情生活，可以做一些事情让这个困难重重的世界发生真正的改变——现在还不算太晚。

阅读本书，你将收获三件关于自己和生活的重要事项：

第一，下半生不是下降衰退期。它可以是黄金时代，惊人地充实且充满希望。这完全取决于老年生活目标，我在书中将帮助你设定成为最好自己的真实目标。

第二，你可以妥善管控自己身体老化的健康状况。当你积极管理变老过程时，会找到实现身体健康的具体原则和方法。这不是一本探讨延长寿命或抗衰老的书，但其中包含许多有助于长寿和健康的提示。

第三，你有能力和潜力影响整个人类物种和地球本身的未来，以及周围每一个人的未来。你可以为人类历史上前所未有的一种智慧文化的诞生做出贡献。一切取决于老年生活所追求的价值及选择的生活方式。

我开发了一些资源辅助学习本书内容，包括视频、音频冥想和图文并茂的指南。通过在线课程可以进行深度体验，在“活到 120 岁”官网上可以找到相关课程信息。

本书充满了我对 60 岁以后圆满生活的想法和建议。退休后可能有至少 20 年到 60 年的时间，你想如何度过？是否有曾经想过但还没机会实现的目标？让我们一起在书中寻找答案吧。

120 岁寿命并非一个遥不可及的梦想，不只是那些拥有长寿基因的人才能享受到的奇迹。它是人们进入后半生挑战自我的工具。120 岁寿命是一个全球性的项目，旨在促进整个人类物种的进步，而不仅仅是一个个人延长寿命的项目。

通过本书，希望大家认真考虑一下自己可以为地球留下什么。为了地球、为了所爱的人以及我们自己，我们有责任使长寿成为福祉。

李承宪

于新西兰地球村

I've Decided
TO LIVE
120
YEARS

THE ANCIENT SECRET TO LONGEVITY, VITALITY AND LIFE TRANSFORMATION

“选择活到 120 岁的真正意义在于年老时我们要有所追求，积极地选择生活方式，让自己生活在健康和幸福之中，感受到生活的乐趣和回报。”

Chapter 1

第一章

我决定活到120岁

I've Decided to Live 120 years

我今年 67 岁，决定活到 120 岁。几年前，我认为自己若到 80 岁仍保持活力和健康就已经很不错了。父亲几个月前去世，享年 94 岁。他 80 来岁时非常活跃，由于对东方智慧了解颇多，退休后一直在老家为镇上的居民看住所、选墓地，也做一般性生活咨询。然而 85 岁之后，他的身体状况越来越糟，最后几乎没有出过家门。目睹了父亲的晚年，我不由自主地认为一个人 80 岁之前健康独立生活是有可能的，但需要为之后的生活做好准备。

杰西·琼斯博士（Dr. Jessie Jones）是加州州立大学富勒顿分校（California State University，Fullerton）成功老龄化研究中心（Center for Success Aging）的副主任，2008 年，我和他共同写了一本书，名叫《绽放：抗老化大脑教育指南》（*Full Bloom: A brain Education Guide for Success Aging*）。书中我们介绍了“长生”的生活方式，即当你实现梦想，健康和幸福就会长久。那一年这本书被《前言评论杂志》（*Foreword Review*）誉为七本出色自助图书之一，受到许多读者青睐。与琼斯博士在美国、韩国和日本举办讲座和会议时，我有机会结识了成千上万希望优雅老去的老年人。即便如此，那时我也从未想过自己能活过 100 岁。

选择 120 岁的理由

几件事情改变了我的想法。多年来，媒体上刊登各种各样的故事，讲述活到 100 岁的可能性越来越大，也采访了全世界很多高寿人士。5 年前，我在韩国打高尔夫时有机会和 102 岁的李金进交谈。他头脑清晰，精力充沛，能打高尔夫球，而且非常乐观、机智，与其交谈充满乐趣。李金进 66 岁的儿子和我们坐在一起，说父亲膝盖不太好，虽然偶尔会用高尔夫球车代步，但能很轻松地在球场走 4 里路。李金进一直通过多走路来保持心脏和腿力强壮，每天早上 6 点在家附近小路上步行一个小时，要是下雨或下雪就撑着雨伞走。

与 100 多岁的人见面直接交流对我来说可谓一次无与伦比的震撼，他身上散发出的活力和精神力量着实让人惊叹不已。此后，我又遇到了其他许多给人留下深刻印象的老人，他们在近百岁时仍然健康充满活力。于是我开始意识到百岁老人时代来临，许多人已然活在其中。人类寿命的惊人增长是我的课题，该课题绝不仅仅只限于新闻报道里那些迷人的统计数据或故事。

我觉得自己可能活到100岁的第一感觉绝不是喜悦的期待，而是一种“哎呀”，好像在半程马拉松比赛中努力奔跑快接近终点时，突然意识到比赛不是半马而是全马。当想到身体和头脑还没有准备好跑全马时，我非常惊慌。

从这个深刻的思考中我获得了一个重要觉醒——我一直在被动地思考寿命。换句话说，就是被动地思考在世时间。我原以为生命的时长是被安排好的，没有想过可以用意志来延长。我以为长寿是医学、社会和文化变迁所带来的外在因素，从没想过可以参与主导这个过程。

若按照过去的思维逻辑，我的人生规划到80岁就停止了，没有以后的部分。除非对晚年有一个人生设计，不然即使活到90岁或100岁，也不会觉得自己曾经活跃，由此就不能说，“我决定做自己，为这个梦想而活。根据我设计的人生规划，要活到90岁、100岁”。

经过一系列反思，我做出了一个改变固有想法的重大选择——决定活到120岁。这是从生物学角度普遍公认的人类可能达到的寿命。所以我将预期寿命设定为目前科学接受的最长年限，然后从120岁的视角重新设计人生。

正如引言中所提及，选择活到120岁的根本原因不仅仅是个人对长寿的渴望。根据家族史或目前的健康状况，这也不是我所能想到的数字。这个选择源于我为世界服务的渴望，以及对所树立的伟大梦想承担责任。为了这个梦想，我要完成在新西兰启动的地球村项目。这个选择给我的个人生活带来了很大变化。

首先，我对自己年龄的看法发生了很大变化。67 岁正处于 80 年人生的最后阶段，但对 120 年人生来说却刚刚度过一半——我还有 50 多年的时间！怎么度过这段时光？为什么而活？这种思维转变让我有机会再次认真反思我是谁、生命中什么是重要的，进一步明确了我需要专注于实现我认为重要的梦想和价值。

其次，我开始更积极地管理自己的身心。如果是选择活到 120 岁而非仅靠运气活那么长，健康就是最基本目标。所以我努力培养更健康的饮食和生活习惯，随时随地锻炼身体。例如，为了保持足够的体力，每天靠墙做 10 个倒立俯卧撑。

再次，我的大脑受到了刺激，现在比以前工作更加努力。“活到 120 岁”对大脑来说是一个新的强大冲击，现在我的大脑积极寻找固有的需要被改变的思维和行为习惯，不断要求自己去调整，以求能过上 120 年的美好生活。大脑开始推出富有创意的新想法，好像在向我证实它可以完全没问题地在 120 年内表现出色。它还似乎在分泌荷尔蒙，让我更加积极充满活力，觉得自己好像年轻了 30 岁。

我感觉自己的身心现在处于最佳状态，充满希望与欢乐，比以往拥有更多的热情。我很感恩，选择 120 岁的生活让我有机会用长远的眼光来规划晚年，有更多的时间为他人和世界做有意义的事。

你怎么看待活到120岁？

自从决定活到120岁，只要有机会，无论私下还是公共场合，我都积极地谈论这个选择。大多数人对此话题十分着迷，特别是60多岁的人，他们总是放松地坐下来，身体前倾，仔细听我说。

然而，我很快明白并非每个人都接受这个想法。有些人甚至反对选择活到120岁。这些人通常有以下三种反应：

- 真的可能吗？做梦吧。
- 哦，天哪，对我来说那就是地狱！
- 下定决心并不意味着实际会活那么久，不是吗？我们应该享受死亡到来之前的岁月。

当你听到关于活到120岁的话题时，脑海中浮现出的第一个想法或感觉是什么？你感受到的是期待还是负担？

最长的寿命纪录是一位122岁的法国女士，名叫珍妮·卡尔芒(Jeanne Calment)，她从1875年活到1997年。我们经常听到一些人声称自己活得更长，但他们的出生时间无法考证。据说地球上现存的大多数动物都能活到生长期的六倍。基于这一理论，许多学者认为人类生命周期包括 20 年生长期，寿命可以达到 120 岁。许多东方的传统身心训练表明，如果人们按照自然规律照顾好自己，可以健康地活到 120 岁。纽约阿尔伯特·爱因斯坦医学院（Albert Einstein College of Medicine）的一个研究小组最近宣布，人类寿命的极限是 115 年，许多科学家反对该项声明，认为人类实际上可以活得更久。

根据联合国 2015 年数据，全球百岁以上人口约 50 万，比 20 年前增长了四倍，预计未来这个数字还会快速增长。据一项调研表明，2014 年有 72000 名美国人超过 100 岁。不久前，谷歌开始大规模投资一个延长寿命的项目，有一篇文章说这个项目的目标是将人类的寿命延长到 500 岁。

我不确定人类是否会像谷歌设定的目标那样长寿，但 120 岁标准寿命的到来可能比我们想象中要快得多。1900 年，人类的平均寿命不超过 47 岁，随着营养和卫生条件的改善以及医疗技术的发展，人类平均寿命持续增长，现在已经达到 79 岁。

为什么技术发展如此之快？想想 40 年前的生活，每人拥有一台电脑已是非比寻常，我们亦无法想象今天的世界人人都携带智能手机。随着科学技术的发展，人们普遍意识到自我保健的重要性，并广泛采取健康的生活方式，这可能会迅速使人类的寿命长度超出我们的想象。大多数 40 岁到 50 岁的韩国人认为，如果能很好地管理自己的健康，他们能活到 100 岁。各种覆盖 110 岁的保险产品目前正被积极推广。

即使你对人类寿命的延长不那么乐观，但很明显我们的寿命会比父辈长。如果你现在 60 来岁，那么可能还有 20 年到 60 年的寿命。

尝试把年龄乘以 0.7

“活到 120 岁？对我来说那就是地狱！”有些人对活到 120 岁的想法摇头叹息，“老了意味着孤寂困苦。”长寿让人联想到病态、脆弱、依赖他人，担心成为别人的负担。可能这些人的家人或熟人中，晚年去世前有卧床不起、艰难痛苦的经历。媒体也认为老年人问题很严重，进一步促发我们对晚年的负面思考。

当然，随着年龄的增长，我们无法避免衰老带来的生理和心理上的变化。也许以前我们可以毫不费力地做一些事情，比如举起重物、跳上楼梯，或者快速记住一个新名字——如今却不再感到轻松。然而，现在五六十岁人的身体和思想比起他们父母在这个年纪时更年轻强壮。此外，我们大多数人退休后的健康状况和财务状况也比前几代人要好得多。

选择活到 120 岁并不仅仅意味着延长几十年生命，然后在临终前身体虚弱，头脑混乱。选择活到 120 岁的真正意义在于年老时我们有所追求，积极地选择生活方式，让自己生活在健康和幸福之中，感受到生活的乐趣和回报。

日本是世界上平均寿命最长的国家之一，有一种计算年龄的新方法在日本一度流行。根据这个方法，将你现在的年龄乘以 0.7。据说只有这么计算，才能在生理和心理上感觉到真实年龄，因为现在我们比前几代人活得更年轻。以这种方式计算，50 岁相当于 35 岁，60 岁相当于 42 岁，70 岁相当于 49 岁。那 120 岁的呢？相当于 84 岁！

我们的头脑仍然受到过去平均寿命为 60 岁的观念的影响。意识不到这一点，就会认为 20 到 30 多岁是青年，40 到 50 多岁是中年。想到 60 岁以上的人，就会联想到身体虚弱、失落、痛苦和依赖。

很多国家 65 岁通常是退休年龄，届时人们被划定为老年人。将 65 岁定义为老年开始的做法起源于 1889 年的德国，当时政府从 65 岁开始支付退休金。需要注意的是，当时人们的平均寿命连 50 岁都不到。许多老年医学专家说，现在 70 多岁人的生活方式与上世纪六十年代 50 多岁的人相似。从这个角度重新思考 120 岁的生活，肯定会改变我们关于“漫长的晚年是一种负担”的观念。

生活习惯决定长寿

我们从大自然中获得生命，却没有人知道生命何时会离开。

选择活到 120 岁，没有大自然的祝福不可能实现。一年后，甚至明天，都有可能是我在地球上的最后一天。

有句谚语说："尽人事，听天命。"意思是，凡事都要先尽力，然后谦卑地接受自然的意志决定能否成功。结束生命的力量属于大自然，但我们可以通过调理身心来延长时间。

许多研究已经证明了延长寿命和生活方式之间的关系，所以那些选择不健康的生活方式如饮酒、吸烟、长期处于压力之下的人，将会因该选择而缩短预期寿命，而那些选择健康生活方式、养成良好的习惯、锻炼身体、积极思考的人将会延长他们的预期寿命。

在决定长寿的主要因素中，食物绝对重要。身体状态源自所吃的东西。伦敦大学的一项研究结果显示，每天吃七种水果和蔬菜的人过早死亡率比每天吃不到一种的人低 42%，那些每天吃五到六种食物的人早死率则降低了 36%。

众所周知，少吃是长寿的秘诀之一。一项研究表明，适度饮食可以延长预期寿命 5 年。在日本，许多长寿老人八分饱就停止进食。 除了少吃以外，另一种习惯似乎也与长寿息息相关。《蓝色地带：长寿的九个经验》（*The Blue Zones: 9 Lessons for Living Longer from the People who're Lived the Longest*）的作者丹·布纳特（Dan Buettner）采访了世界各地数百位 100 岁以上的老人，发现大多数人下午或晚上那顿饭吃得最少。

运动可以有效延长寿命是公认事实。根据美国卫生和公共服务部对40岁及以上的受试者进行的一项研究，每周进行150分钟适度锻炼或75分钟高强度锻炼，寿命将延长3.4年。做两倍时间的锻炼，将延长4.2年。即使是那些只锻炼了一半时间的人，寿命也将延长1.8年。

基本心态、生活态度以及人际关系对延长寿命也很重要。耶鲁大学公共卫生学院的贝卡·莱维（Becca Levy）博士说，对老年生活持积极观点的人往往比那些持消极观点的人寿命长7.5年。我们通常认为，无忧无虑、轻松的生活有益于长寿，但有一项研究推翻了这一观点，研究表明，勤奋、认真、谨慎性格能延长寿命两至三年，相当于早死率降低20%到30%。根据来自30万人参加的143项研究所得数据，社会关系较多的人比那些与世隔绝的人平均多活7.5年。

摒弃对身体有害的习惯是延长寿命的必要条件。对于一个35岁开始戒烟的女性来说，寿命将延长6至8年，如果她50岁时戒烟，那么在接下来的15年里，死亡率会比继续吸烟的人减少一半。每天坐着的时间少于3个小时，会让预期寿命延长2年。

保持健康的生活方式在很多方面与寿命的延长直接相关。我们可以推断，健康地改变主要生活习惯可以延长寿命十年甚至几十年。如果仅仅因为已下定决心活到120岁，那么当有人问起这是否可能，没人能自信地回答“当然”。然而，如果我们的假设是基于医学技术的辉煌发展和我所提到的那些研究成果，我们极有可能正逐渐接近这个事实。

你会选择活多久?

为了更积极地规划晚年，我建议你先明确自己希望活到的年龄。如果你能自主决定，是否某个特定年龄已出现在了脑海中?如果有的话，为什么是这个年龄?要下定决心活到某个岁数，而不是仅仅希望活那么久。把这个目的清晰地表达给自己，而不是对别人去说。

已经选好寿命了吗?接下来，根据所选年龄计算现在和死亡之间剩下多少时间。30 年? 40 年? 50 年?大多数人会拥有相当长的时间。认真考虑一下这个时间——这难道不是你整个人生至少三分之一甚至近半的时间吗?

现在问自己这些问题：我对剩余的人生有目标和计划吗?我活到那个年龄会是什么样子?我想要实现什么?那时候我将成为什么样的人?仔细倾听内在的声音，回答这些问题。

每个人都可以选择如何利用时间和生命，这是我们拥有的伟大的力量和权利。然而遗憾的是，只有一小部分人能充分利用这种力量。大多数人对明天做什么、下周要做什么、下个假期去哪里旅行、假期里做什么会有个小计划，但很少有人计划 5 年或 10 年之后，更别提一个总体人生规划了，他们不曾规划青年、成年、中年、老年的生活将流向何处，每个阶段希望达成什么目标。

如果没有生活的蓝图，最终只会随波逐流，任由环境决定事情如何发生。法国小说家保罗 · 布尔热（Paul Bourget）[①] 说过：“我们必须按照自己的想法生活，否则就会以我们以往的生活方式结束此生。”

在仔细观察了一些同样步入下半生的人们并与之交谈后，我得出了这样的结论：大多数人对于自己七八十岁及以后的生活缺乏具体规划。退休后那些身心活跃、社交积极的人是这样，那些生活被动、与世隔绝的人也是如此。即使是在繁忙中度过晚年的人，他们虽然日程表排满了，如旅行、从事业余爱好或志愿活动，但仍然没有一张想要实现的蓝图。设计一个健康、快乐、充满喜悦和成就感的后半生，你必须拥有赋予这个阶段意义的目的或目标。

事实上，选择活多久，首先需要找到自己想在余生实现的目的或目标。随便选一个在脑子里蹦出来的数字没什么意义，数字本身不能激励你活到那个年龄。当目标有意义时，我们会利用所拥有的资源尽最大努力去实现这些目标。当我们有活到特定年龄的理由时，会更加努力地管理我们的身心，保持健康的

---

① 保罗 · 布尔热（1852—1935），法国小说家和评论家。代表作《弟子》《残酷的迷》。

生活习惯。

亚利桑那州坦佩的苏珊·格雷斯（Susan Gerace）73 岁时的目标是健康地活到 93 岁。她一生从事护士和护理工作，帮助产妇分娩，给病人开药方。作为一个单亲妈妈，她非常自豪和感恩——她为五个孩子提供了良好的教育，孩子们长大成人都是好公民。她说自己选择活到 93 岁是因为：

> 去年某一天，我搂着 7 岁孙子的肩膀坐着。他对我说："奶奶，等我长大了，有了孩子，你还会活着吗？你可以像现在拥抱我一样拥抱他们吗？""当然。"我回答。我算了算，于是选择活到 93 岁。

苏珊希望为儿孙们留下美好的回忆和生活经历，这给了她至少要健康活到 93 岁的目标。我的 120 岁和苏珊的 93 岁都是有意义的，因为这些选择有明确的理由和目的。

"我要选择活多久？"认真问自己这个问题，倾听内心的声音。你会发现这是一个非常强大的问题，因为它能让你意识到生命中重要的东西。让下半生成为生命中的黄金时代从这个认知开始。

今天不太可能是你人生的最后一天，但百分百是余生的第一天。如果反思自己至今的生活，从长远角度规划未来，无论你选择活多久，都将明确地拥有一个更健康、更有意义、更充实的人生。

I've Decided
TO LIVE
120
YEARS

THE ANCIENT SECRET TO LONGEVITY, VITALITY AND LIFE TRANSFORMATION

“我们想过上真正想要的生活，希望更快乐，能够表达感受，和人们联系而不是只埋头工作。生命圆满的关键是过真正想要的生活，到死都不后悔。”

Chapter 2
第二章

人类
真正的出路是什么

What Is Humanity's True Path?

老龄化社会是预期寿命延长和低出生率所致，这种现象在全球都很突出。世界人口预计 2050 年将增加约 20%，而 65 岁和 65 岁以上的人口会激增，大约是目前的两倍，将占总人口的 18%，这意味着几乎每 10 人中就有 2 个老年人。

在美国，65 岁及以上人口在 2014 年是 4600 万 (占总人口的 14.5%)。预计这一数字将在 2050 年增加到总人口 22 %，在 2060 年将达到 1 亿。老龄化社会在发达国家和亚洲尤为突出。2050 年，韩国 65 岁以上的人口预计将占总人口数的 36%，仅次于日本的 40%。这意味着大约每 10 人中就有 4 个老年人，真是人类非同寻常的发展。

美国现在的平均寿命是 79 岁。从另一个角度来看，尽管有些人在 79 岁之前就去世了，但是大部分人活得比平均寿命长得多。环顾四周，可以经常看到活过 80 岁甚至超过 90 岁的人，不是吗？ 但问题是，我们对老年的普遍看法和态度仍然停留在平均寿命 60 岁的阶段。

80 岁的时候，你每天日程里要完成的任务是什么？平时和周末做什么？对哪些活动感兴趣？关注哪些活动？是否会有一种满足感和快乐感？还是被动地生活，日复一日，无力地看着时间流逝？你能回答这些问题吗？

很少有人在七八十岁后生活依然有目标或有活动计划，他们只是简单地活着。这导致许多人在没有任何心理准备的情况下进入了长寿期，所面临的是未来 20 到 40 年内没有什么生活挑战。这是一个超越个人层面的问题，上升为国家层面甚至是全球性问题，而这种情况没有历史先例：总人口的 20% 到 40% 都将拥有 20 到 40 年的空闲时间。

晚年生活方式所产生的影响巨大。如果我们在毫无生气、没有生产力、依赖他人的生活中走到人生尽头，那将是社会的一大负担。但是，如果我们能够过上充实有意义的生活，分享有价值的智慧和宽广的格局，就能做出富有成效的贡献，把我们文化的精髓传递给下一代。通过这些有社会价值的活动，我们甚至可以解决自身的经济问题。

通过创造性地思考寻找答案，一起准备解决方案，我们将有可能创造一种崭新的、成熟的、和谐的文化，将青年时代的激情和动力与老年的智慧和宽广的心胸结合起来。对许多人来说，老年生活是一个客观存在的问题，也是我们都将面临的现实，因此反思和寻找答案势在必行。

前 60 年为成功而活

我一直在深思为什么人们认为老年是一个没有意义的阶段，是生命逐渐衰退和消逝的时期。我回顾思考了从出生到死亡生命周期的各个阶段，人类不可避免地要走这条由生到死的道路，那么这条道路的本质是什么？

此刻，我们每个人都走在自己的人生道路上。道路细节可能不同，但总体路线相似。出生、成长、学习、工作、成家，直到老去死亡，可以说 60 岁之前是前半生，60 岁之后是后半生。

我们前半生要走什么路以及终点在哪里大都是固定的。简言之，前半生关乎成功，每个人都在奔向成功这个明确的目标。成功是贯穿前半生的范式，因此我把人的前半生称为成功期。

在人生的道路上我们竞相追逐，相互碰撞，此起彼伏，沉浸于追求成功的模式中。想象一下，无数人挤在一起走在一条通往成功的路上，没有时间思考是谁创造了这条路，并且毫不关心。大家必须谋生，或者直截了当地说，必须让自己比别人富有，所以只顾盲目地沿着这条路奔跑。

在漫长的人类历史上，无数人都走过这条路，现在这是一条宽阔的高速路。人们不会反复思考他们为什么要走这条路，或者是否有其他路可走。路就在那里，大家都在走，行色匆匆，不假思索，只忙着追赶前面的人，以免落后于竞争对手。

很年轻的时候，成功模板就开始在我们的大脑中被有意无意地植入。学校、公司甚至家里都灌输了这样一条信息：“生活是战场，你必须战斗，战斗必须要赢。”输就是失败，所以我们不断地努力争取胜利，由于输赢不定，我们每天在天堂和地狱间穿梭。胜利的时候，自我价值感提升，失败时存在价值瞬间消亡。当得到更多的工作机会、赚了钱、建立家庭、养育孩子时，我们更加热衷沉浸于竞争和成功之中。

这个阶段，通过努力工作我们得到了想要的东西，为社会发展做出贡献。我们建立了自己的事业，创造了稳固的社会地位，致力于通过专业、组织和职责来创造结果。这段成功期是积累成就、经验和技能的时期。

尽管获得成功，但它让我们陷入竞争模式。众所周知，不是每个人都能在比赛中获胜。有人赢，就有人输，这将我们划分为少数的赢家和大多数自认为失败的人。在一个竞争的系统中，适者生存，我的成功会伤害他人，虽然可能是无意的，但别人的成功也让我感到不舒服。这就是为什么在成功的模式中没有真正的和平。

四五十岁时，很多人都对社会强加给我们并已经内化的成功模式有所疑问。有些人在竞争中爬到职场岗位赢得想要的一切，金钱、声望、权力，但接着又想，“就这些吗”？即使很富裕但并不快乐。他们莫名其妙地空虚，缺乏真正的满足感。尽管钱挣得比想象中要多，可以和家人在海外豪华别墅度长假，但很多人仍然无法摆脱这种空虚感，那些认真问自己为什么的人自然会反思人生。

对许多人来说，人生第二个60年从退休开始。我们曾经赋予意义、倾注时间和精力的目标突然改变了。工作带来的固定收入、曾经让我们生活节奏规律的职务、经由工作获得的强烈成就感、执行项目时监督别人的社会地位，以及工作中像家人一样充满喜悦和怨恨的人际关系，终有一天在退休时全都消失了。

那些向外寻求自我价值感即追求金钱、职场成功的人，此时会产生巨大的失落。如果他们倾注热情的东西不复存在，生活会变得空虚毫无意义，除非能找到替代品。他们觉得自己毫无用处，原来所扮演的角色似乎已经消失。

你曾经可能是工程师、教师、营销人员、护士。当不再从事这些工作时，你是谁？是什么让你成为你自己？当社会成功不再是刺激和激励我们的目标时，什么能让我们的生活变得有价值有意义？余生中你能做什么？你想要什么目标？这些是我们要面对的问题。

后半生的典范

前半生有一个明确的目标：成功。这就是为什么大多数人不需要担心其他事——反正也没有时间去担心，所要做的就是在一个由家庭、学校和工作场所组成的社会体系中往前走。然而，问题出在退休之后。人们前半生把精力投入到如何成功，后半生却没有明确目标，没有明确的典范来定义。生命前半段要走的路很清晰，但这条路到退休就结束了。退休之后，没有一条人人都能走的宽广大道，人们发现需面对全新的环境，对于应该如何生活以及为了什么而活感到茫然，不知所措。目前的情况是，退休后如何生活值得每个人去摸索。

当人类平均寿命是 60 到 70 岁时，这还不是什么大问题。然而，如果 20% 到 40% 的人在剩下的 20 年到 40 年里无所事事，缺乏有意义的目标或活动，那对个人乃至整个社会来说将是一种浪费。我相信迫切需要一种后半生的典范来解决这个问题，因此必须要有这样的想法："如果前半生都是为成功而活，那后半生也可以为其他事情而活。"

问题是后半生要走的路还没有建好。人生之路前半段已被开辟，后半段却如同人迹罕至的荒野，毫无方向。只有少数人为自己开辟了一条穿过空旷原野的清晰道路。大多数人在后半生几乎无所作为，因为他们没有清晰的前进方向。那么，下半辈子的生活模式究竟应该是什么样呢?

我建议把圆满（Completion）作为后半生追求的价值。圆满意味着一切所愿已完善或完美实现。为了你自己，为了你的人生，你要做些什么来实现圆满?

人类天生就在追求圆满。例如，每个人都试图通过人际关系与他人沟通联系，这是经由归属感来完成自我的一种方式。另外，人们通过教育和社会进步来提高自己，这是一种社会的完善。人们还通过精神追求寻求圆满，与宇宙之源取得一致感。

我们在生命的某个时刻都会问“我是谁”，试图了解生命的目的和意义，找到自己存在的根源。人类是唯一会问“我是谁”的动物，因此，在生命的某个时刻，我们不可避免地会追求超越成功的圆满，因为这是人类的天性。大脑被设定用于寻找生命真正的意义并追求完整性，这是人类的本性。

圆满不是关于任何外部事物，而是一种让我们感受到内心世界的感觉，一种充斥内心诸如自豪、满意、合一与平和的满足感。在生命的最后时刻，当我们还有最后一口气时，圆满才完成。生命圆满使我们在临终前回顾过去时感到满意和富足，在平和与幸福中闭上眼睛：“我没有多余的遗憾和怨恨，这一生充满意义，我为自己而自豪。”只有你才能知道自己的人生是否已经圆满，其他人无法评判或评价。生活圆满的程度只取决于自己心中的满足感和成就感。

如果你在生命最后时刻回顾一生时想到："人生有遗憾，我没有过上真正想要的生活。"那样你就无法感受到人生的圆满和成就。

澳大利亚临终关怀护士布兰妮·威尔（Bronnie Ware）在《死亡的五大遗憾》（*The Top Five Regrets of the Dying*）一书中描述，人们面对死亡时最常见的遗憾是："我应该有勇气活出真实的自己，而不是过着别人期望的生活。"临终者通常这样表达遗憾："我不该为工作花那么多时间""我应该有勇气表达感受""我应该和朋友保持联系""我应该让自己更快乐"。

我们想过上真正想要的生活，希望更快乐，能够表达感受，和人们联系而不是只埋头工作。生命圆满的关键是过真正想要的生活，到死都不会后悔。所以，要想过这样圆满的人生，首先要不断问自己真正想要什么样的生活。

我到底想要什么？从小我就问自己这个问题，直到 30 岁才找到满意答案。本来无须知道这个答案也能生活，但我不开心。表面上我过着很正常的生活，但内心空虚，逐渐无法忍受。我突然意识到，再也不能忽视那些尚未解决的最基本的生命问题，必须深入挖掘，找到问题的根源并发现答案。

当更加认真追寻这个问题时，我去了韩国全州附近的母岳山待了 21 天，只专注最基本的问题。我一遍又一遍地问自己：我是谁，我想要什么？

过去37年里，我问了无数人同样的问题：“你真正想要什么？”答案千差万别。有些人想创办大企业，有些人想帮助无权无势的人，有些人只想过简单舒适的生活，尽量避免冲突。然而深入研究时，我发现有一个共同的主线贯穿着所有答案。

人们最终想要的不是金钱、酷炫的汽车、昂贵的衣服或高贵的头衔，不是拥有财富和社会地位的物质价值，他们想要的是一种感觉——可以自由独立地生活，爱和被爱，可以感到生活宝贵有价值，感到正在为了比个人更宏大的事情做出贡献。简言之，人们想要的、比其他任何东西都更重要的是实现最高价值后内心的满足感。

找到真实的自己

我们真正想要的生活才是真实的生活。然而，要过真实的生活，必须找到真实的自己，然后才能说：“这就是我真正的样子。”这是改变人生方向从成功到圆满的首要任务。

充满希望的是，后半生比任何时候都更适合寻找和实现自我。在成功阶段，为了在竞争中生存下来，我们总是埋头苦干，异常忙碌，很难让自己坐下来放松一下，深入探究我们是谁，想要什么，每天只是忙碌地生活，为人子女，为人父母，为人伴侣，或者为名片上的头衔。随着社会和家庭责任在后半生减少，那些标签开始脱落，我们才有机会过上简单的生活。

我们无须为曾经的标签正在消失而伤感，相反，应该敞开心扉，接受这种变化带来的可能性。我们不再需要根据赚多少钱、拥有什么头衔，或者从事什么专业领域来评估自己。没有人会对我们大喊大叫，告诉我们该做什么、怎么做，或者什么时候必须完成。当然，在社会和家庭中，我们有长辈的责任，但无疑比以前更自由，不受束缚。现在可以按照自己的想法生活，用想要的充实生活调整生活节奏，这是多么大的福气！

什么是引领我们走向圆满人生的真实自我？在不断变化的外部环境中并不能发现我们的真正价值。外部事物总是不断变化，金钱和名誉这一分钟拥有，下一分钟可能失去；人的身体随着时间的流逝逐渐衰老虚弱，最终在死亡中结束。我们内心有一个自己，在生命最后的日子里冷静地观察我们身体的衰退。真正的自己不是我的名字、身体或思想，不是我的知识或经验，不是我拥有的东西，也不是我的成功或失败。我们必须抛弃所有那些人为的外部价值，寻找真实的自我存在，我称之为精神与信念——你也可以根据自己的文化背景和信仰体系为其命名，任何称呼都可以。

这不是简单的理论概念，而是一种能量和感觉，是我们心中的力量。你曾经是否突然感觉到存在的孤独或渴望了解存在的本质？ 当精神力量寻求觉醒时，这些信息就会传递给我们。当内心的力量被激活，我们感觉它是纯粹的爱、同理心和同情心。这些能量是你我存在的本质。我们不知道它们何时或如何在我们体内存在，但它显然存在于所有人心中。不同的是，有些人的能量在休眠，有些人的能量被激活。虽然我们死后不能带走世界上任何曾经拥有的东西，却可以带走这份力量。

每个人都必须找到和遇见自我。 我们应该快乐自豪地呼喊："我就是我！"（I am me!）① 无论有什么消极念头、情绪和经历，必须明确宣告我们内心深处有一个纯粹的自我，已经发现了一个永恒的自我，无论在任何情况下都不会改变。告诉真实的自己，我们将竭尽所能用余生去实现和完成愿望。

"我就是我！"多么温暖自信的话语！自我是追求的所有价值的起点、终点和中心。健康和金钱可能这一分钟拥有，下一分钟失去，但精神与信念是永恒伴侣，它将永远与你在一起。

精神与信念不会让我们满足于金钱、权力、世俗的成功，或者男欢女爱。即使想要的东西已然在手，我们仍会询问自己："这就是全部吗？然后呢？"然后我们要爱上真实的自己，将它铭刻在心，成为生活的中心。

当我回顾人生时，意识到所有梦想和愿望背后的驱动力就

① I 代表平日外表的我，me 代表内心真实的我。——译者注

是真实的自己，由此我能够开始寻找生命的圆满。我确信所有人都有一种发现自我的觉知——并非从别处寻找自己，它一直都在你心里，你所要做的就是去发现它。

找到真实的自己，不需要参加考试，不需要竞争，也没有人能提供帮助。一定不要让某些外部权威或其他人来决定你的存在和永恒价值。没有学校、国家或宗教可以为你做这些，只有你自己才能找到并创造属于你的价值。你的价值很珍贵，不是因为别人的认可，而是因为你自己创造并赋予它意义。发现真实的自我，你的人生可以重新开始。

扩展大我

如果发现自我是人生圆满的第一步，那么第二步就是自我成长和实现。自我实现就是过上你真正想要的生活。

你的真实自我到底想要什么？真实自我是内心的力量，它渴望成长和圆满。刚开始这种力量纯洁却脆弱易碎，令其生长的方法就是与周围人分享爱，这样就能让内心的力量成长成熟。接着，另一个领悟来了：真正的自我并不局限于身体、观念和小我的个性。更确切地说，它连接了与所有事物一体的大我。人一旦成熟就会有一种态度共性，即想要为他人和世界做贡献，而不是为了追求自己的利益而活。当我们认为自己对他人的健康、幸福与平和做出了一点点贡献时，会由衷地感到自豪和满足，此乃人类之本性。

在走向圆满的下半生时，我们可以尽情绽放，通过表达内心的美好来实现自我。如果前半生是学习、拥有和积累的阶段，那么后半生则是分享和给予的时光。并不是很有钱时才能帮助别人，进入后半生的人们拥有丰富的知识、生活经验和长期积累的技能，拥有自由的时间，宽容慈爱。无论付出什么，只要个人条件允许，只需按照内心的方向去与他人分享。生活经验和智慧不应该只属于你自己，而应尽可能地扩大去帮助他人。分享你的生活，为那些曾帮助过你、成就今天的你的人和团体做些什么。

当我们给予而不是接受时，内心得到巨大满足。我们在世界上所能产生的影响取决于我们能给予什么，而不是得到什么。

握紧拳头，尽量深吸气，继续吸气，这真的很难。现在放松拳头，吐气，你会感觉更舒服。成功的阶段是获取和积累的时期，如果把它和我们的身体相类比，就像握紧拳头一直不停地吸气。没有人可以一直持续这个状态。我们必须放松双手，吐气。这是圆满时期的生活态度。在圆满期必须分享并给予他人我们在成功期获取的东西。只有这样做，才能圆满完成生命的循环。

如果到了七八十岁仍然希望像成功期那样生活，执着于积累外部价值，那就接收不到圆满期所赐的礼物。你没有空间去容纳内在价值，例如同情、自由、宽容、沉着、和谐、平和，体验人生真正意义和智慧的机会将会消失。不要再重复成功期所经历的生活，纠结如何比别人获得更多，因担心如何在他人面前表现得更好而烦恼。如果继续坚持成功期所作所为，不练习清空自己，那么在临终那一刻将是可怕和不快乐的。在这种状态下结束生命的人不能获得圆满。

成功和圆满的主要区别在于，竞争不是圆满的必要条件。成功的人不可避免地要竞争并争取更多，因为战利品的物质价值有限，分享使他们的份额变小。然而，圆满的内在价值无限，所以当你分享拥有的东西时，原本所拥有的部分不会变小。

实现你的圆满并不会减少他人实现圆满的机会，与他人分享平和，不会让你变得不平和，相反你的平和实际上在增加或加深。成功是第一个跨越终点线的比赛，但圆满就像一场赛跑，每个参与者都将获得一个胜利者奖杯。

对于我们这些处于圆满期的人来说，世界不再是我们必须为生存而奋斗的战场；相反，这是一个完全诚实的领域，我们收获播种的东西，不需要与他人竞争，只需要分享我们的劳动，互相帮助，取得收获。

既生为人类，我们就面临着要走完人生该走的道路。在人类迄今为止所创造的生活轨迹中，成功模式是唯一可行途径，但它并不完整，只能引导一半旅途。我们现在应该为剩下的一半生命准备另外一条道路。当走完这条圆满之路时，生命终将完整。如果这种老龄文化得到很好的传播，那么我们所有人将走上这条圆满之路，社会和人类的未来无疑将变得更美好。

圆满的人生新道路能够改变你我。我认为这是一条人类发展真正的道路，是我们应该选择的正途。

I've Decided
TO LIVE
120
YEARS

THE ANCIENT SECRET TO LONGEVITY, VITALITY AND LIFE TRANSFORMATION

“痛苦地生活还是把生命变成一件艺术品？这完全取决于自己。只有你才能提升自己真正的价值，让生活更加珍贵。”

Chapter 3

第三章

如何
实现圆满

How Do We Achieve Completion?

在追求新生活的道路上，需要思考一个重要的里程碑，那就是死亡。在死亡的那一刻，我会如何看待自己的生命？ 我会保持平静并沉浸于一种成就感中吗？ 还是会焦虑和懊悔？那一刻的感受可以被看作是对人生的全面总结。然而，思考死亡的目的不是让我们沉浸在消极感中，相反是为了让现在的生活更有意义更充实。死亡树立了一个标准，激励我们要过更好的生活。

老年人最大的困扰且持续到生命最后时刻的基本都是关于死亡。每个人总会偶尔想到它，但在老年人的脑海中，这是一个非常现实和直接的问题，而不是未来虚无缥缈抽象的概念。年轻时你可以向左或向右，走崎岖或平坦的路，拥有选择的自由；然而，面对即将到来的死亡，你会觉得自己进入了死胡同，再也无法回头。你意识到一个不可避免的命运超出了你的选择能力——死亡正在路的尽头等候着。

每个人都会以相同的方式经历肉体层面的死亡：呼吸停止，心脏不再跳动，大脑活动停止。但并非所有死亡都相同。从事临终关怀的医生和护士目睹了很多人的死亡，他们说每个人的死亡状况与生前的生活方式密切相关，那些没能过上想要生活感到遗憾的人死亡过程更糟糕。在那一刻，他们可能无法控制身体的动作，感到僵硬疼痛，呼吸粗重毫无规律。

相反，那些认为自己已经过上想要生活而没有遗憾的人，他们肯定自己生活美好，别无其他更好的生活方式，这种人临终时感觉更舒适。他们更有可能平静地闭上眼睛，身体放松，脸上露出满意的微笑。你所遇到的死亡，最终取决于对自己走过的路是否满意。

生命为什么可能实现圆满？

人类没有死亡将会是什么样子？永生会令我们幸福吗？想想看，如果重复现在的生活，日复一日活上几千年，会有什么感觉？可能感觉不会那么好——你必须继续努力寻找食物和住所，为身体提供温饱及休息的地方，每天为了生存而竞争的痛苦会耗尽所有精力。这种无止境的生活可能会让你感到无聊痛苦，单调的生活会让你对自我发展和精神的追求毫无兴致和动力。

既然我们被给予的时间不会永远持续下去，那就要尽可能好好利用而不是浪费。我们不知道死后是否有一些特殊现象或其他世界在等着我们，对于未知世界谁也不能肯定地说什么——因为这种不确定性，我们得尽量努力好好生活。换句话说，因为我们是有限的存在，所以想追求完整和永恒。如果我们的生命无限，从一开始就是不朽的，那就没有理由对圆满感兴趣。正是因为自身的不完整和有限，我们本能地被完整和永恒所吸引，想超越这种局限。这就是为什么我觉得死亡是伟大的设计，为人类生命的圆满做好了准备。

在韩国文化中，有很多词语表达不同类型的死亡。活着时只会伤害他人的人死后被称为“翘辫子”（dwejida，类似于呱呱叫个不停），这是最糟糕的死亡方式。这个词包含了一种负面情绪，表达这样的情感：那家伙就像动物一样活着，他还不如死了。第二种表达是死亡（jukda），意思是“普通的死亡”，不包含特定情感。第三种表达是大去（doragashida），意思是死者回到了最初的地方。这个短语用于哀悼父母或长辈的死亡。第四种表达是逝去（seogeo）和崩去（bungeo），指那些服务于国家或公共利益的人的死亡，他们的生命超越了个人或家庭利益。第五种表达是升化（Chunhwa），指依照韩国天道过着圆满人生的人的死亡。

我从韩国的天道中学到了把死亡看成是生命的一部分，而非生命的终结。对天道而言，升华是人类可以体验的关于死亡最美丽最平和的状态，指的是在我们的生命历程中，在这个世界里完成自我圆满的伟大循环，然后回到生命的源头。

在此我经常引用毛毛虫蜕变的故事。毛毛虫每天都在吃树叶，除此之外几乎不做其他事，直到某一特定时间停止进食，开始将丝从身体中抽出来作茧。经过长时间的耐心等待和茧的蜕变，终有一天毛毛虫会把它那令人眼花缭乱的翅膀张开，在天空中飞翔，成为一只美丽的蝴蝶。不管你怎么紧盯一只在树枝上爬行的毛毛虫，很难想象它会变成长着翅膀的蝴蝶，但是一直以来，毛毛虫身体里都隐藏着让它变成蝴蝶的元素。这是生命的奥秘，大自然的规律，而非人工制造。毛毛虫根据自然规律创造茧，并为下一阶段的生活做准备，然后变成蝴蝶。

就像所有毛毛虫都有变成蝴蝶的基因一样，人类也拥有一颗达到圆满的内在种子。这颗圆满的种子就是精神与信念。如果想要超越成功去追求完美的价值，如果想在临终时真正平和，那么问问自己这个问题：我是应该以肉体为中心还是以精神为中心？当然，我们必须同时照顾和满足我们身体和内心的需要，我们是通过身体而存在。然而，关键是要知道我们的中心是什么，我们将追随什么作为引导生活的驱动力。

身体的“三大宝藏”

在天道中，人们相信内心的成长和圆满是人类应该追求的终极目标，我们体内包含实现这些目标的完美系统。这个系统的核心是气能量（ki，chi），也叫气或生命气息（prana）。气是生命的能量，人体的气能量系统是伟大的人体科技，是一个嵌入人体内的神奇小宇宙。

天道观点认为，气能量集中的地方被称为丹田或能量场（dahnjon）。这一概念类似于印度瑜伽传统中所说的脉轮（chakra）。我们的身体有三个能量场：下腹部的下丹田、胸腔中部的中丹田，以及大脑的上丹田。这三个能量中心各有其名和独特能量。下丹田的能量被称为“精”（jung），控制身体的力量；中丹田的能量被称为“气”（ki），控制心的能量；上丹田的能量被称为“神”（shin），控制精神力量。这三种能量的性质不是一成不变的，它们根据我们的思想、感觉、意识和周围的环境不同而不断地发生变化，我们可以通过努力提升各自能量。

韩国关于提升这三种丹田能量达到理想状态的描述是这样的：精充（Jungchoong）表示下丹田精的能量越充足越好，气壮（Kijang）说的是中丹田能量越成熟越包容越好，神明（Shinmyrg）则指上丹田的能量越明亮越好。如果想彻底了解人体的能量系统，必须用自己的感官去体验气场能量，这对掌握能量发展的过程有极大的帮助。

精充、气壮、神明，人体能量发展的这三个阶段很重要，一旦下丹田充满了生命能量，就会使中丹田的能量成熟并扩展，中丹田成熟的能量上升到头部，则会唤醒并照亮大脑的能量。

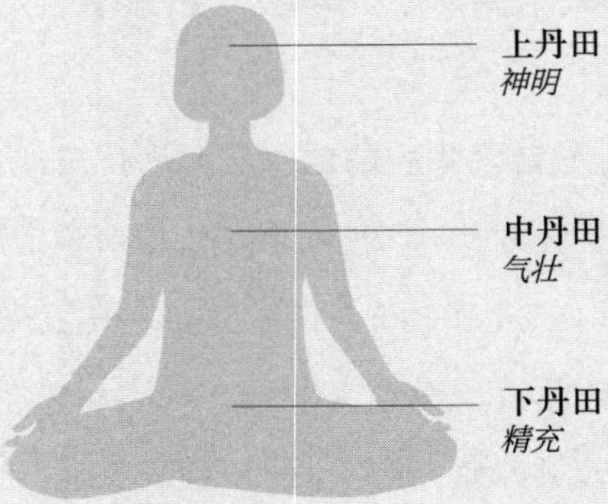

丹田系统，身体的“三大宝藏”

在韩国传统文化中，人们不允许随意触摸别人的头顶，也不能从躺着的人的头部跨过，作为人类身体的最高部位，头部与天连接，头冠被视为神圣的门户。

我们内在的个体精神本质可以感受到与宇宙整体的联系，这可以通过深入的冥想来体验，也可以通过日常生活中的平凡时刻体验。

怎样才能通过精充、气壮和神明的各个阶段使内心成长和圆满？天道提出了三种修炼方法：原理的修炼、实践的修炼和生活的修炼。我在《生命之道：日常觉悟的永恒原理》（*Living Tao: Timeless Principles for Everyday Enlightenment*）一书中有详细描述，这里只作简短的解释。对原理的修炼是为了打开我们内心的智慧之眼。当心灵之眼打开时，就能看到隐藏在生命和自然之中的法则。然后，觉悟就自然发生了。这样的觉悟不应该仅仅作为一次性觉醒留在头脑中，而是必须深入到身体当中。实践的修炼将使之成为可能。

身体是实践的修炼工具，而不仅是只有欲望的肉身。它是容纳我们精神的珍贵容器。没有身体，我们就没有办法接触和培养我们的信念。你可能有过这样的经历：思想混乱时，散步或做其他运动后神清气爽，轻松无比。锻炼身体是培养心灵的最好方法。通过锻炼，可以净化和提升体能和精神能量。

生活的修炼是在日常生活中通过行动即工作或与他人的关系培养内心的力量。如果原理修炼就像种下启蒙的种子，那么实践修炼就如同种子成长开花，而生活修炼就是开花结果。换句话说，真正的觉悟不是靠静坐冥想，而是必须经由日常生活来实现。当你在觉悟的实践、教导和分享中生活时，内心就会越发坚定成熟，本性会更加闪耀。

当原理的修炼、实践的修炼和生活的修炼循环往复时，仿佛一个强大的推手把你推向圆满的生命。通过这三种修炼，身体充满了活力，心中充满了爱，大脑则充满了智慧和创造力。然后，你成长为一个有胆识和勇气的人，不会因生活中的情绪和风浪而有所动摇，充满了大爱和慈悲，慷慨助人不计回报，热爱人类和世界，对宇宙的美好拥有坚定的信念。

生命如同艺术创作

可以在一定程度上表达精神与信念的另一个词是良心。只有一个人能真正评估你的良心，那就是你自己。良心不能由其他人评判，也没有普世标准。凭着良心，你能够对自己的生活感到满足、自豪和平和——这取决于你让内心的力量成长了多少。

对此成长有一个标准：你的上、中、下丹田（脑、心和腹部能量）必须一致和统一。换句话说，你的思想（脑）、情感（心）和行动（腹）不是分开的，而是一体、统一行动的。不管冥想多少遍，无论读过背过什么伟大的经文，除非采取行动并实践，否则内心的力量成长有限。不管做了多少善事，如果出于私利去做就不会成长。当处于纯净状态时，当你的思想、情感和行动合为一体时，内心的力量会被激活并得到成长，这与别人的认可无关，只要你自己感到满足。

在为老年生活做准备的过程中，知道用升华的梦想来迎接晚年而非坐等变老死亡很重要。升华指出了一个理想的死亡方式，它象征着生命寻求成长和圆满的过程。我们的生命是一个升华的过程。这关乎自己拯救自己，而不是依靠别人或任何外部系统。没有人能代替你，阅读大量书籍或掌握海量知识也都是行不通的。

重要的是自己的选择——首先得选择自救，而不是依靠外在的东西。这是关于“我将拯救自己”的决定，而且要意识到自己什么都不缺。你拥有内在完整的种子，需要不断地培育，这颗种子不断成长，直至最后实现圆满。

我们都有一颗明亮、纯洁、高尚的心灵，能够包容和爱护任何人任何事。没人知道死后会发生什么，虽然有很多关于来生的猜测和承诺，但没有人能保证什么，也无法验证结果。我们唯一可以直接感受并确信的一件事是我们内心神圣的存在，那颗心是完整的种子，不断成长。这并非盲目地相信，而是拥有内在的直接感受和体验。

死亡是让生命圆满的一个台阶。我们总有一天会登上这个台阶，是在恐惧中颤抖地爬上去，还是大胆自信地走到聚光灯下？这取决于你的选择。

当完成世上一切应做之事后，我们真的疲惫不堪，这时需要一个美丽而有尊严的死亡。升华就是一个非常有尊严的死亡。当我们了解升华之法，生活就变成了艺术创作而非痛苦。当我们迈向内心成长和生命圆满之时，所有因有限而带来的精神焦虑和冲突都变成了艺术创作的机会。

痛苦地生活还是把生命变成一件艺术品？ 这完全取决于自己。只有你才能提升自己真正的价值，让生活更加珍贵。那些以圆满为生活目标创造每一天的人都是真正的生命艺术家。

成为有觉悟的长者

韩语中有一些词语表达了内心成长的阶段。成长期被称为儿童（eorini），成功期被称为成人（eoreun），圆满时被称为长者（eoreushin）。这些单词有个共同的部分就是eol，eol可以被称为精神。

人若要成熟，就必须成长。用韩语来表达，人生第一个阶段，孩提时人幼小不成熟，思考和行动的方式会把自我或情感放在首位，而不是仔细考虑他人。这就是为什么孩子会以自我为导向来做判断和行动。他们喜欢什么、想要什么、想吃什么，都把自我摆在第一位。

孩子逐渐长大成熟变为成人。成人指内心已经成长的人。成年人为自己的事情负责，包容身边的人。在成功期，内心成长得越多就越有可能成功。然而，当我们环顾四周，发现许多人并没有按年龄行事，尽管年纪已长，但还是像孩子一样，以自我为导向，不考虑周围的人。这是因为他们的内心还没有成熟。

进入老年的成年人被称为“长者”，意思是拥有如神一样的精神、光彩和神性智慧。如果孩子们在成长的精充阶段体力得到提升，那么他们在成功期就会气壮，知道如何广阔地运用内心的力量。在最后的老年阶段，也就是圆满的时期，由于充满智慧，能够对大自然和生活本质有广泛的洞察，最终站在神明的舞台上。换句话说，觉悟长者的神性能量在上丹田闪耀着光芒。

年长者和老年人指的是那些已经变老的人，这是从外表来看。另一方面也描述了一个内在的长者，拥有智慧和光明灵性的人。在韩国传统文化中，一个人的生命周期是由他们的精神而非肉体来决定的，变老是一个启发成长、精神圆满的过程。

长者，这个词刻画的是那些使自己的内在成长为具有神圣光辉的人，教导人类最终应该遵循怎样的道路。成为一个真正的长者，洞悉被隐藏的自然规律，分享生命的美德和智慧，受人尊重，这是理想的老年生活写照，让我们至乐至美地老去。

身体变老不会自动成为有觉悟的长者，必须内心成熟、包容、博爱，充满智慧。简言之，应该释放一种灵性的能量，领悟大自然和生命法则，参与实践发挥自己的能量，通过分享人生创造真正的欢喜和快乐。这是成为一个有觉悟长者的方法。

在此我想介绍一下《阿里郎》(*Arirang*)，这是一首追求生命圆满的歌曲，被韩国人民广泛喜爱，流经几代，还被列为联合国教科文组织的非物质文化遗产。“阿里郎”的原意如下：

阿里郎，阿里郎，阿里郎，
你正翻越阿里郎山。
你抛弃了我，我的至爱，
但你走不到十里就会跛脚。

表面上看，这首歌听起来像是对即将离去的爱人的怨恨。然而，我把它理解为一种对圆满的热切渴盼。

“阿里郎”这个词中，“阿”是“真实的自己”，“里”指“觉悟”，“郎”是“快乐”。“你正翻越阿里郎山”意喻生命是一条通往山丘的道路，途中颇多起伏，以唤醒真正的自己。“你抛弃了我，我的至爱”，这句话代表了那些没有意识到真实自己的人。“你走不到十里就会跛脚”，这里的“十”代表圆满。就像基督教十字架和佛教的万字符号（　），这两个符号都包含了汉字代表圆满的十字。没走到十里意味着不能实现圆满。

歌曲继续：

啊，唤醒真实的自己是多么欢乐，
我们的生命就像通往山上的道路。
那些没有觉醒真实自己的人，
将无法达到圆满。

正如“阿里郎”所唱，让我们愉快地接受人生道路的起伏，这有助于唤醒真实的自己。让我们每一个人都开心地走这条路，对崎岖路上遇到的每一次教训都心怀感激。然后，我们将会看到人生道路是多么美丽可爱，并在通往真我和圆满的旅程中遇到美丽和可爱的人。

I've Decided
TO LIVE
120
YEARS

THE ANCIENT SECRET TO LONGEVITY, VITALITY AND LIFE TRANSFORMATION

“没有选择，没有承担，没有努力，生活不会发生真正的改变，你必须重新诠释你的人生，不是否认所经历的伤害和挫折，仿佛从未发生过，也无须加入一些没发生过的好事。不歪曲过去，而是从一个全新角度看待它。”

Chapter 4
第四章

反思前半生，规划后半生

Reflect on the First Half of Your Life, Design the Second

为了后半生圆满，内心真正充实满足，你必须经历一个过程，花点儿时间反思前半生并规划后半生。

必须充分认识到，现在是人生一个重要转折点，这一点相当重要。仅把后半生作为成功阶段的补偿延续，还是从圆满的角度重新创造和进化生命？取决于在这个转折点上的选择。

许多人到了后半生就开始回顾过去，特别容易沉浸在对过往美好与艰难时刻的回忆中。然而这种被动的反思是不够的，必须花时间做一个关于前半生的总结，积极有目的地反思，并计划用一种新思维和新目标来规划人生圆满期。

重生不会自动发生，生活不会因为你年长一岁而有所改变，即使只有 30 岁也能理解这一点。岁月不断流逝，四季随着自然的周期而变化，但正是你选择了赋予这些变化以意义，选择重生。除非反思过去一年里学到的东西，以及如何将这些经验应用到未来生活中，否则再过一年你也不会变得更聪明。同样，前半生留下的都将是转瞬即逝的记忆和感受，除非你花时间有意识地回顾和反省，不然这些经历不会变为智慧使后半生生活得更好。

我曾经听一位学者说过，现在 95% 的人都过着和昨天甚至一个月前一样的生活，没有任何变化。新生活不会随便出现，它只属于那些有意识追求的人——只有在黎明睁开眼睛的人才能看到黎明。当黎明来临，除非你睁开眼睛，否则仍然如同黑夜一样黑暗；春天到了，除非你知道这是播种的季节，除非你播下种子，否则不能在秋天收获粮食。长寿时代向我们展示了实现理想生活的无限可能性。然而，除非你意识到这点并有觉悟地规划后半生，否则它将只是一个没有实现的可能。通往新生活的道路无法为你敞开，除非你选择它。

“老鹰重生”的故事经常被引用于强调个人或公司的重生。故事是这样的：

曾经有一个老鹰村，那里的老鹰一般只能活到 40 岁左右。据说有一种方法可以活到 70 岁，但这种方法非常痛苦，以至于村里的老鹰都没有想过去尝试。

有一只勇敢有好奇心的老鹰喜欢高飞和飞往遥远的地方。这只老鹰近 40 岁了，爪子已经老化，很难捕捉到猎物。随着年龄的增长，它的喙越来越虚弱，羽毛越来越厚，翅膀变得沉重，在天空翱翔很困难。有一天它想：“反正我要死了，不妨尝试一下活到 70 岁的生活方式，即便很痛苦。”于是它竭尽全力，飞到村里最高的山上建了一个窝。

最初，它啄一块石头，直到嘴喙破裂掉下来。慢慢地，一个新喙长出来，它用新喙把爪子上老化的趾甲一个个拔掉。新趾甲长出来后，老鹰就用新爪把翅膀上的羽毛拔掉。经过几个月的痛苦经历，新羽毛终于长出来了。勇敢的老鹰涅槃重生，展开巨大美丽的翅膀飞回村庄。它又活了30年，教会村里其他老鹰如何重生。

这则寓言并非基于科学事实。但是它告诉我们，没有选择、没有承担、没有努力，生活不会发生真正的改变。当第一次听到这个故事时，我被深深地感动了。雄鹰克服极限、超越自我、获得重生的勇气唤醒了我们对圆满的渴望。

当然，我们不必为了后半生的重生而像老鹰那样受苦。但我们必须有勇气冷静地回顾过去，乐意扫除一切隐藏真实自我的障碍。我们必须做出选择：下定决心成为实现这个梦想的人，必须完成自己规划的人生。

重新撰写你的人生故事

有很多方法可以回顾一生。比如，可以把人生按10年一个单元划分，想想每一个时间段发生了什么重要的事，或者想想在人生的每个阶段发生了哪些有意义的事。例如，在小学、中学、高中和大学的阶段，开始工作时、建立家庭时，以及孩子结婚的时候。

我建议你问问自己以下问题，有助于积极反思前半生：

1. 我的人生取得了哪些成就？

2. 我什么时候最快乐？

3. 什么时候最困难？

4. 在那些时刻，我是如何克服困难的？从中学到了什么？

5. 生命中哪些时刻让我后悔？

6. 什么时候做的事情让我感到骄傲，觉得很有收获？

7. 哪些当下选择成为改变我一生的机会？

8. 我忠于保持什么样的价值观？

9. 是什么帮助我坚持这些价值观？

10. 是什么阻碍了我坚持这些价值观？

11. 到目前为止，我的人生目标是什么？

12. 是什么促使我确立这些目标？

13. 我实现了哪些人生目标？

14. 我未能实现哪些目标？

15. 到目前为止，谁对我的生活产生很大影响？

16. 到目前为止，谁是我最珍惜的人？

17. 谁是我最感激的人？

18. 谁是我最需要去解决情感问题的人？

19. 我想保持和培养哪些习惯？

20. 我想改掉哪些习惯？

21. 哪些事情我真的想做却没能做到？

22. 事情想做而没能做的原因是什么？

如果可能的话，写下对这些问题的想法。不只是想一想，用书面形式写下来会帮你把脑海中零乱的想法梳理清楚。

当你回顾整理过往人生时，可以激励和鼓舞自己过好现在，绝不要因过去而感到困惑、受伤和绝望，要用过去作为今天和明天的动力。在这个意义上，你必须重新诠释你的人生，不是否认所经历的伤害和挫折，仿佛从未发生过，也无须加入一些没发生过的好事。不歪曲过去，而是从一个全新角度看待它。

优秀的历史学家不会简单地报道过去发生的事情，而是用自己独特的视角来解读所发生的事情，指出以前未知的历史背景，为今天的人们提供行动的基础。伟大的历史学家预测未来趋势，帮助我们设计一个更美好的未来——我们需要以同样的方式思考和诠释我们的人生。

不要只是说“这件事已经过去了，所以我快乐或悲伤，所以我成功或失败”，而是要问自己：“这对我有什么意义？它对我未来的生活有什么意义？”如果想要回答这些问题，就必须冷静客观地看待我们的过去，不要被过去的事情束缚，也不要陷入自私或受害者意识中。否则我们就会被困在令人不满的混乱故事角色中，或者远离现实，沉浸在过去辉煌和成功的故事中。

那些重新诠释和改写人生故事的人，给予我们勇气，深深感动和激励着我们。他们并不是没有经历过失败或绝望，但当面对自己的过往时，不是简单地说“这事发生在我身上”，而是说“尽管如此，我还是做到了”，或者“我学会了这点，并在此基础上向前迈进”。他们通过这些故事重新站起来，成为自己命运的主人。

在此我想介绍维也纳一位著名犹太心理学家维克多·弗兰克尔（Viktor Frankl）的故事。二战期间，37 岁的弗兰克尔和妻子、父母一起被关进纳粹奥斯威兹（Auschuitz）集中营。三年后战争结束，集中营解放了，但怀有身孕的妻子、父母以及大部分家人都被纳粹杀害了。

在集中营时，弗兰克尔挣扎在死亡的恐惧中，被剥夺了一切，包括所爱之人以及作为一个人所拥有的尊严和自由。有一个问题让他困惑：什么理由能让人类在一个完全失控的环境中继续忍受无尽的苦难？

弗兰克尔忍受着集中营里的痛苦生活，认识到那些死去的人和幸存者之间只有一个区别：拥有意义。在伟大或渺小的事物中发现意义的人，比如爱他人或有责任感的人，最终都走到了尽头。他总结道："那些思考'为什么'活下去的人，几乎可以忍受任何苦难。"

"人可以被剥夺一切，但有一样是不能被剥夺的，"弗兰克尔在《人类对意义的追寻》(*Man's Search for Meaning*) 中写道，"人类最后的自由就是，在任何特定的环境中选择自己的态度，选择自己的方式。"

尽管在极端环境下经历了残酷的磨难，但弗兰克尔从来没有对人类或生命本身绝望过。他发誓要忍受无法避免的痛苦，证明即使是在最艰难的环境下，生活也会充满意义和价值。在已有经验的基础上，他构建了新的理论技术，帮助人们在经历焦虑、被逼迫和无助时找到意义。维克多·弗兰克尔重写人生的故事给许多人带来了勇气和希望。

到目前为止，你的人生可能有很多关键时刻和事件是转折点。如果有过骄傲时刻，也一定有过后悔的事情。无论生活过得如何，过去各个阶段汇聚在一起，让你成为现在的自己。重要的是，要意识到你已经创造了自己的人生。以这种方式思考的人也可以创造他们的现在和未来。不过，有些人会想，"不是我制造现状，是环境和形势造就的。我别无选择，只是一个受害者"。以这种方式思考的人无法选择自己的未来并对未来负责。

不管人生如何，它已经属于你了。你生命中的所有时刻累积在一起，成为现在的你。这是属于你的独特历史，与他人无关。以这样的心态，真诚地感谢你的人生故事，以及人生的所有时刻、所有出现的地方和出现的人。最重要的是，为了此时此刻的你去爱自己和感激自己。谦卑地接受生活给予的教训，把前半生的故事变成养分，让后半生美丽绽放。

每时每刻我们都应做自己命运的主人，选择、规划、为自己而活，但这并不意味着一切都会按照我们所希望的方式发展。事情往往与我们希望和计划的不一样，这就是为什么每个人都会有遗憾的时候："如果我当初不这么选择，那么……"但是，坐在那里后悔没有用，因为时光永远无法倒流。我们要做的就是心怀感激地接受那些既成事实，诚实地承认我们愚蠢的错误并从中吸取教训。如果执着过去，就无法前进。

我们绝不能气馁或轻视地认为："到目前为止，我的人生完全错了，没有任何价值。"如果消极地评估自己的人生，就会憎恨自己，把自己与他人和外界完全隔离。平静地写下你的人生故事，但要从中汲取希望和热情，为创造未来的人生故事注入新的能量源泉。

95 岁的自白

越早开始规划后半生越好。早在十几岁的时候，我们就应该明白人生是一个自我圆满的过程，成功只是一个阶段，而不是唯一阶段。那些有长远眼光成熟的人，即使在成功期也能不受环境影响，保持自己的理念和完整性。

步入 40 岁，我们需要开始描绘自己想要如何度过晚年。最迟 50 岁时，应该对老年有一个方向，这样就可以为自己所选择的生活做好准备。退休后的生活可能会有很大不同，取决于我们是否有这样的规划。

许多老年人无法在正常的年龄退休，需要继续工作维持生计，有时还需要迁就从事低薪工作。也有许多老人选择在退休的年龄退而不休，在医学界，工作到 80 多岁并不罕见。这些依然工作的老人可能会觉得自己没有时间去计划后半生追求圆满，其实，并非退休了有足够的空闲时间才能做这些事情，也不是整天都要进行训练或静坐冥想。

圆满的核心是对待人生每个时刻的态度。换句话说，就是对待工作的态度和对待遇到的每一个人的态度。我们的生活包括我们的工作和人际关系，是学习圆满的最佳时刻，也是冥想的最佳素材。如果我们从这个角度积极思考，可以说，老年依然工作的人比那些无所事事的人更有活力、生活更有意义。只要保持工作和生活的适度平衡，我们的生活就不会过度关注在工作上。

即便是经验丰富的建筑师也不可能在没有规划的前提下建成一座宏伟的大楼。如果不规划人生，不管你的处境如何，最终都会被环境所主宰。你可能会这样想："在过去的30年里，我不停地忙于制定各种年度、月度、每周和每天的目标和计划。我厌倦了甚至再也不想听到任何计划或规划。退休后我应该做什么样的人生规划？我只想过自由自在的生活！"

你真想拥有自由自在的人生吗？那就必须规划人生，这样你才可以自由地生活。仔细想一想你要的自由生活具体是什么样子，并为这样的生活做必要准备。否则，你可能最终没有什么变化、挑战或成长，只是被熟悉和舒适的环境包围，重复着同样的生活习惯无聊地活着。

"我还有很多时间，着什么急呢？是，我会花时间好好考虑。"如果你这样想，请阅读下文。这篇文章发表在2008年韩国的一份报纸上，出自一位95岁老人的手笔，让很多人思考良久。

我年轻时真的很努力，能力得到认可并获得尊重。65岁时，我自豪地退休了。

30年后，在第95个生日那天，我流下了悔恨的泪水。我的第一个65年是骄傲和光荣的，但之后30年的生活充满了遗憾和痛苦。

退休后，我想："我现在过着想要的生活，以后的每一年都是额外奖励。"抱着这个想法，我就只是在等待无痛的死亡。我过了30年毫无意义毫无希望的生活。30年是很长的一段时间，是我95年生命的三分之一。如果我退休时知道自己还能再活30年，我真的不会那样生活。那时候我觉得自己已经老了，不能再做什么，其实是一个很大的错误。

虽然我现在已经95岁了，但我清楚自己可以再活十几二十年甚至更多。我现在要开始学习外语，这是一直想做的事情。这么做只有一个理由……就是十年后105岁生日时，我不会后悔在95岁时没有开始尝试新事物。

这篇文章出自韩国湖西大学（Hoseo University）创始人姜锡圭博士（Dr. Seokgyu Kang）。即使100岁的时候，他也是站在讲台上分享生活中积累的智慧，直至103岁去世。生命或长或短，时间都在流逝，除非我们有意识地生活。韩国有句谚语说："水往引导的方向流动。"你的生命之水会流向何方？现在是为生活创造一个新流向的时候了。

改变开始于选择

当你告诉别人要规划退休后的生活时，很多人首先想到的是清点一下存款，制订旅行计划，找一个老年人居住的社区，然后再立一个遗嘱，为葬礼弄个指导方案。但是，在这些具体细节之前，最重要的是深入思考退休后的生活对你意味着什么，以及树立实现圆满的梦想。当拥有一个总体方向时，才能独立创造性地使用剩余时间。这不只是创建一个愿望清单或待办事项，而是为后半生选择一个方向。只要这个方向明确，就可以找到具体方法完成目标。

外面的世界充斥着各种信息，教我们退休后该如何生活。电视广告说要把钱花在维持青春、美丽和活力上。投资人和保险公司说："当你享受帆船和浪漫海滩时，请把钱和健康托付给我们。"政客们说："相信我，我会制定一些政策，让你晚年有所保障。"信息可以来自外在，但也可以从内涌现。你给自己余下的时光留下什么信息？你给自己的未来发送什么信息？

照顾好自己的身体令人向往并值得赞许。这样，晚年肌肉不会失去力量，皱纹不会太多，能保持健康的听力和视力。你也可以利用现代医学让晚年更具活力。比如，我 60 岁左右视力下降很多，不停地戴眼镜和摘眼镜很辛苦，所以做了激光眼科手术；牙齿不好，牙龈也很疼，所以我也有几颗种植牙。但是，无论我们如何悉心照料，身体也会随着时间的流逝而衰老，欣然接受按照自然规律慢慢衰老的身体是明智的选择。

我们有一样东西永远不会衰老，那就是精神。伟大的精神从人类内心涌出，带着自由和创造性的意志，无论什么年纪，精神永远不会老去。这种精神鼓励我们探索自己是谁，让我们有意义地度过一生，直至生命的最后时刻。那些与精神相遇并以精神为指导而生活的人不会成为环境的奴隶，他们是自己命运的主人。我们最需要的健康快乐的晚年不是财务专家或教练为我们制订锻炼和饮食计划，我们需要的是倾听自己内心和灵魂的声音，选择我们真正想要的生活以及成为所希望成为的人。

应该从哪里开始着手呢？从向自己发问开始。超越世俗设定的答案，你的内心想要什么？问问自己的心里有什么，而不是脑袋里有什么。不断询问自己内心的渴望，什么样的生活会给灵魂带来真正的快乐。如果闭上眼睛，走入内心，跟随内心的感觉，在某个时刻你会得到答案。一旦找到答案，下定决心去实现真正的梦想，充分利用被赋予的全新而宝贵的时间。

所有的改变都始于选择。我们可能会因为无法控制生活的起起落落，或是因为懒惰、畏惧和习惯而失败无数次。然而当我们选择并真诚地去做且不放弃时，就会逐步接近所选择的生活。我们可以做出选择，这是真正宝贵的东西。即使看似困难的改变，也从选择追求它开始。无论身处何种环境，都可以选择改善环境，哪怕只是一点点的改善。随着年龄的增长，我们面临着环境的变化，如身体衰弱、退休、分离等。许多人认为这些变化是一种限制和局限，会因为自己什么都不能做而沮丧。但只要我们的内心被唤醒，就可以在任何环境中选择和创造改变。

我们每个人都是自己生命的船长，既可以随波逐流，也可以让生命成为史诗般的旅程。决定这个差别的是，你是否知道自己要去哪里？你是唯一能选择方向的人。回顾人生、反思、梦想和选择的力量，是人类被上苍赠予的礼物。这种力量不会因为衰老而消失。随着年龄的增长，这种力量会更强大，因为我们经历了人生的风雨，活得足够长，非常清楚地知道只有我们才能开创自己的人生并为此负责。在旅程的最后时刻，我们应该勇往直前，永远不要绑住这股美丽的力量。

我在新西兰凯利凯利的地球村散步时决定要活到 120 岁。走完这条美丽的森林小径大概需要一个小时，因此我把这条小径命名为“新生之路”。途中有一座陡峭的山，可用来做冥想的步行路线，那里搭了木制楼梯，防止暴露的树根受损，也防止人们被绊倒。

我坚持做 120 个台阶，希望那些登上 120 级台阶的人在与大自然沟通时能唤醒自己的无限价值，拥有一个更伟大的梦想，为建设更健康、更美丽、更和平的地球而选择活到120岁。

在第60级台阶的右边有一个宽大的平台，这是120级的中间点，前60级代表生命的前半部分，剩下的60级代表后半部分。中间点的木制平台象征着我们进入第二个60年的过渡期。虽然人与人之间会有所不同，但我们通常把退休的时间称为过渡期。

我把前60年称为先天命运，未来60年称为后天命运。先天命运与生俱来，是世界不断强加给我们的命运，而后天命运是通过自己的选择和努力为自己创造的命运。当然，在任何年龄都可以通过选择和行动塑造自己的命运，但在最初的60年里，我们很可能生活在社会规范之下，即使这些规范与我们内心的渴望相悖。在接下来的60年里，我们将开启一个崭新的人生，由我们内心深处的愿望所驱动，并且遵照自己的意愿。

根据当下为今天所做的选择和规划，你的这一天肯定会发生变化。同样，无须重申的是，你的选择无疑将影响你的寿命和晚年的生活质量。要看到我们拥有的自由意志和选择的力量。如果我们不断按照长期人生规划来改变日常生活，就能够在生活中遇见一条人生新路，一个惊人的自我掌握的命运。

拥有自己的健康、快乐、平和

在规划人生后半段并以圆满为价值中心时，每个人都应该牢记这条箴言：自己的健康、快乐与平和无法依靠别人获得，必须自己创造。如果你对自己的健康、快乐与平和负责，并采取积极的方法去提升，自然会延长寿命。

想一想吧，你怎能指望依靠诸如他人或体系等外部环境维持健康、快乐与平和，从而活到 100 岁或 120 岁呢？这不仅是贪婪，也会让你成为别人的负担。把自己看成负担是件麻烦事，你可能会考虑最好早点儿闭上眼睛。我的观点是，即使年纪大了，也应该在健康、快乐与平和中自给自足。

环顾四周，你会发现许多人倾向于依赖外部而不是自给自足。就拿健康来说，人们一生病就会去药店或医院。当然，必要时应该获取医疗帮助，但医生和药物都不能保证我们健康的基本要素诸如肌肉力量、肺活量、平衡感、反应力和免疫力。一个健康的体质不是其他人可以为你培养的，必须依靠自己的努力。

同样的道理也适用于对快乐与平和的追求。许多人依靠外部因素来获得这些。当他们得到想要的或者得到他人给予的支持和赞扬时会感到快乐。但如果依赖外在条件，当这些环境消失后，快乐很容易就结束了。就像走在钢丝上，外部环境的影响让你在快乐和不快乐之间来回摇摆。当学会如何自己创造而不是依靠外部环境乞求获得的时候，我们就能成为健康、幸福与平和真正的主人。此外，一旦你以健康、幸福与平和为生活重心时，还可以与他人分享。

你现在过得怎么样？如果让你为自己的健康、快乐与平和打分，满分 100，你给自己打多少分呢？你在这些事情上是自给自足，还是倾向于依赖外部环境？仔细考虑后给自己评分。这不是一个客观的指标，而是根据你的主观感受、想法和满意度来评估自己。

- 我健康吗？ _______ 分
- 我是否让自己健康？ _______ 分
- 我快乐吗？ _______ 分
- 我能给自己带来快乐吗？ _______ 分
- 我平和吗？ _______ 分
- 我能让自己平和吗？ _______ 分

如果分数很低，不必失望，一切还不算太晚，你要做的就是从现在开始，因为健康、幸福与平和绝对是可改变可实现的，它们是我们体内产生的能量现象，所以你总还拥有希望。健康、幸福与平和并非遥不可及，不需要通过巨大努力才能获得。

为了健康、快乐、平和，你需要训练体力、心力和脑力。体力是晚年快乐与健康的基石。开发体力是开发心力和脑力的捷径。如果你不知道如何开始规划晚年生活，尝试从增强体能开始。 身体有了力量，活力自然随之而生，你会发现自己有很多新想法和想尝试的新事物。找到具体的体能目标去实现或一个可以学习的榜样，这是不错的主意。

当你拥有指导生活的核心价值时，心灵的力量就会增强。你会选择与内心和良知保持一致的言行，试图充分展现内在的正面人格，让自己拥有成熟的情感。就像体力一样，用得越多越强大，心灵的力量是一种通过关系展现的力量，当我们训练心力的时候，宽容、同情、理解、宽恕和体贴都在生长，就像训练增强体能一样。与家人、朋友以及社区建立亲密关系，都为训练心力提供了良好基础。

脑力的核心是创造力。拥有大量知识并不意味着拥有强大的脑力。脑力利用洞察力和智慧来创造有助于我们自己和世界的东西。俗话说：“需要是发明之母。”这种说法很好地表达了大脑的创造力是如何展现的。创造力来自于好奇心，来自于对自己对世界的兴趣和热爱。如果你仔细审视自己和周遭，就会产生如何解决和改善事物的想法。通过意志和专注去实践这些想法就带来了创造。

一个圆满的生命始于为自己的健康、快乐与平和提供体力、心力和脑力。当腹部下丹田被充分开发时，它就成为可靠的体力来源，身体的生命力得以加强。当心脏部位的中丹田被充分开发时，心力会增强，爱、宽容、同理心等美德也会被激发。当头部的上丹田被开发时，脑力就会增强，洞察力、理解力和智慧就会发挥出来。

在接下来的章节中，我将介绍一些具体的方法来帮助你规划老年生活——一个以圆满为方向，自我实现健康、快乐与平和的目标。

I've Decided TO LIVE 120 YEARS

THE ANCIENT SECRET TO LONGEVITY, VITALITY AND LIFE TRANSFORMATION

“训练自己克服身体极限，你会遇见真正的自己并感受到整个身体的真实存在。通过小小改变获得的快乐、成就感和幸福难以形容。”

Chapter 5
第五章

体力就是生命力：动起来

Physical Power Is Life–Just Move

如果你问我，要让自己健康、快乐与平和，需要从哪里入手？那一定是健康。健康是通向快乐与平和的跳板和快捷方式。我想说，“体力就是生命”。体力与生命力成正比，所以改善身体状况是延长生命力的最佳方法。为了活到 120 岁，你需要努力改善身体状况。

然而，当我看到美国关于健康和卫生保健的统计数据时，更能理解许多人面临的阻碍与困难。目前，美国 65 岁以上的成年人中，87% 至少有一种慢性病，68% 有两种以上的慢性病。相比之下，英国 65 岁以上 33% 的人和加拿大 56% 的成年人有两种或两种以上的慢性疾病。在 224 个国家中，美国 2015 年的预期寿命排名第 31 位。

美国人严重依赖药物治疗疾病，这比世界上任何其他国家都要严重。虽然美国人口仅占世界 5%，但消耗了世界 75% 的处方药。总体来说，美国人均医疗支出比其他任何国家都多（2017 年，美国人均 GDP 为 9507 美元），而经济合作与发展组织成员国人均为 3763 美元。遗憾的是，对一些人来说，医疗保健费用过高。根据哈佛大学的一项研究，医疗保健支出占美国破产总数的 62%，而在这些申请破产的人当中，甚至 72% 的人有医疗保险。

解决现状的方法是专注于自我保健，更加自给自足，减少对医疗机构的依赖。通过每天进行自我疗愈，可以减少甚至不再需要医疗帮助。

这完全有可能实现，因为导致大多数疾病的最终原因只有一个，就是能量淤堵，淤堵阻碍了生物体恢复原始自然的治愈能力。如果疏通淤堵，就能恢复良好的血液循环和能量循环，许多症状会随着时间的推移慢慢恢复正常。虽然有些情况我们无能为力如基因导致的疾病，但其他很多情况可控。如果你与自己的身体越来越接近，就会自然而然地远离医院和药店。其实小毛小病没必要总是依赖医院和药店，而是应该努力改善身体状况，提高机体免疫力，告诉自己："当它来到我的身体里时，我就是主治医生。"只要有决心，愿意付出努力，就能活得长久、年轻和健康。

运动确实具有强大的补充功效，这是延长寿命、改善健康和能量水平的特效方法。根据加拿大的一项研究，即使是 50 多岁从未经历定期锻炼的人，也可以通过每周 3 次每次 30 分钟的快走让生理年龄看起来年轻 10 岁左右。

运动效果无法量化，尤其有助于减缓老年肌肉萎缩。肌肉在

30 多岁时就开始衰减，但是最大的变化发生在四五十岁。到了 90 岁，肌肉量比 20 岁时减少近 50%；70 多岁时，肌肉力度可能比 50 岁下降 30%。锻炼是预防肌肉减少最重要的方法，其中阻力训练和力量训练特别有效。

看着父亲变老，我经常感到难过。他 80 多岁时还很健康，但过了 90 岁，行动速度明显放缓，讲话也少了。当我用手触碰他，试图教他一些运动，他会漠然拒绝。我所能做的就是推荐美食，帮他按摩胳膊和腿，给脸上的老年斑涂药膏。看着父亲时我常想，应该至少在 80 多岁时教他一些练习来管理健康，90 岁的体力和耐力都很弱，不容易养成锻炼习惯。

养成关注体能的习惯越早越好，但现在开始也为时不晚。“老年人是弱者”只是一个社会公认的传统观念。如果不开发和使用体力，每个人都会变得更虚弱。许多老年人的关节、肌肉和结缔组织开始僵硬，平衡能力变弱，改善这些症状的最好方法就是运动。这取决于你是袖手旁观、哀叹身体衰退，还是积极行动、增强体力。即使年纪大了，也可能变得更强壮。我举个例子。

故事的主人公是 105 岁的法国自行车手罗伯特·马尔尚德（Robert Marchand），他 1911 年出生于法国北部，为了谋生，从事过很多职业，消防员、卡车司机、伐木工人和农民。年轻时他曾做过自行车运动，67 岁时又重新开始认真起来。2017 年 1

月，他在 105 岁时创造了一项新的世界纪录，一小时内完成了 22 公里的路程。在对他的最大摄氧量（VO_2 max）、心率、心肺健康状况进行了为期两年的测量后，发现他的供氧能力相当于 50 岁，比实际年龄小 55 岁。更令人惊讶的是，他的最大摄氧量增加了 13%。

读到他的故事时，我的眼珠都瞪大了。除非是职业自行车手，否则即使你很年轻，也不容易在一小时内骑完 22 公里全程。令人震惊的是，到了 105 岁，他竟然能保持这样的健康和活力。我打印了一张他的骑行照片，贴在桌前，每次看到都会带给我希望和激励。我希望自己能打破“身体随着年龄增长而衰退”这个固有观念，改善身体状况。

我们偶尔会听到一些人说自己是世界上年龄最大的人。让我吃惊的是，他们当中很多人像罗伯特·马尔尚德（Robert Marchand）一样，晚年才开始尝试新事物。加州圣地亚哥的钢琴家哈里特·汤普森（Marriet Thompson）是癌症幸存者，她在 2015 年 92 岁时成为世界完成马拉松最年长的女性。76 岁时她决定跑马拉松，从那以后，她通过参加马拉松比赛为白血病和淋巴瘤协会筹集了超过 10 万美元。在一次比赛后的采访中，她说：“我想如果我能做到，任何人都能做到。我从来没有接受过一次跑步训练。”

当你听到这些“强悍”老人的故事时，脑海中可能会涌现各种犹豫或借口。我介绍这些并不是建议要像他们那样进行专业锻炼，挑战自己参加比赛，或者把我们的身体推向极限，而是给予自己希望，知道我们有足够的优势，在任何年龄都可以活得有意义和健康，这取决于我们如何照顾自己。当然，衰老是一种不可避免的自然现象。随着年龄的增长，身体活力和功能可能会下降，可能会患上大大小小的疾病，但你可以选择，是放弃并看着衰老和疾病来临，还是积极地管理健康做自己身体的主人？

在此我想补充一句，那些患有严重慢性疾病或身体残疾的人与普通情况不同，这些人的健康可能相对较差，但也不意味着他们不能拥有快乐或平和。

我认识的一位61岁日本女士名叫八幡千惠子（Yahata Chieko），因早发帕金森综合征而身体颤抖。她走路时摇摇晃晃，总是弯着腰拄拐杖，走路只能用脚掌前部，后脚跟从来没有完全着地过，好像悬浮在空中。她在体脑训练中心努力锻炼，以求改善身体状况。2011年6月的一天，她在参加我在日本的一个疗愈项目时发生了惊人的变化：不用拐杖就能跳舞，先抬起一条腿，然后换另一条腿。在场参与者鼓掌欢呼，大家被深深地感动甚至流下喜悦的泪水。

千惠子说她永远不会忘记那一天："40年后，我的脚底能够站在地板上了。对我来说真是一个奇迹！当脚底碰到地面时，一种美妙幸福的感觉油然而生。过去我想，只要脚底能踩着地板走路，就会感到快乐。这是我有生以来第一次感受到幸福。有些人说他们不快乐，因为没有这个那个，而我觉得人类只要能够脚底接触地、能够呼吸就已经很快乐了，没有比这更幸福的事了！”正常走路对于大多数人来说稀松平常，但对她来说是极大的幸事，是无与伦比的幸福。

失去的健康越多，就会越发珍惜健康。不要总说“我的身体很弱”“我有病”“我有残疾”，如果你每天运动、锻炼身体，哪怕只做一点点也会有所改变。通过行动克服自己的局限，身心能量都会发生改变，你将逐渐充满勇气和信心：“我能做到。”

训练自己克服身体极限，你会遇见真正的自己并感受整个身体的真实存在。通过小小的改变获得的快乐、成就感和幸福难以形容。你有一个可以活动的身体，有足够的意识和意志力来活动它，有生命能量，这些让人内心充满了感激。

你可能听说过《生活不设限》（*Life Without Limits*）的作者尼克・胡哲（Nick Vujcic），他出生时没有胳膊和腿，只有两个畸形的小脚。现在，他是一名奔走世界各地的励志演说家。他用左脚的两个脚趾写字，用脚趾和脚后跟操作电脑，喜欢游泳、钓鱼、甚至打高尔夫球。“我享受生活，我很快乐。”他在一次演讲中说，“我会尝试 100 次起床，如果我失败了 100 次，失败了就放弃，那我还能站起来吗？如果失败了，我会再试一次。我想

告诉你，这不是结束。我可以鼓起勇气再次起床，像这样‘站起来’。”（示范起床）

很久以前，我在韩国电视节目中看过一个胃病患者的故事，他依靠医院开的胃药进行治疗。首尔市中心的南山有很多台阶，这个人身体太虚弱，爬不上去。有一天，他下定决心，“再也不能这样生活了”。他开始做俯卧撑，强化胳膊、腿和腰部肌肉，后来又练习倒立。几年之后，惊人的事情发生了，那个曾经虚弱的男人倒立用双手“走”在南山的台阶上。据说他的胃病已经完全好了，身体也变得健康。

这个人掌控了自己的身体。他下定决心，“我不会再忍受虚弱的身体或胃病，也不会依赖药物，我要修复身体。”选择和行动的力量使这一切成为可能。如果他没有做出选择并坚持，这种情况会发生吗？健康和体力不能靠别人为我们创造，改变自己的力量取决于你自己。

当提及增强体力，人们通常会想象在健身中心进行负重训练或在跑步机上奔跑。出于恐惧，人们想都不想就放弃了，或者对自己在健身中心注册后仅仅才坚持几天而感到失望。难道我们在日常生活中没有办法花很少的时间锻炼吗？我建议“机会锻炼法”，顾名思义，这是一种生活方式，只要有机会就去锻炼。

我 50 多岁时体会到了身体上的变化，于是开始进行机会锻炼。年轻时我是跆拳道、柔道和合气道的黑带，练几个小时都不觉得累，但我也不能例外于老化，逐渐体验到体能、肌肉力量和反应能力在下降，感到抑郁和缺乏信心。我的视力变差了，牙龈状况不佳，体重增加，膝盖也不太好。以前我都不知道什么是身体不适，现在我意识到："噢，这就是所谓的变老。如果不采取任何行动，只会越来越虚弱。"

这确实引起了我的警觉。我听到心里有个声音在说，必须改变自己。但怎样才能让身体恢复以前的活力呢？应该从哪里开始？我一边开始做一分钟锻炼和长生步慢走（后面将详细解释这两项练习），一边认真思考这些问题。除了这两项练习，肚脐疗愈是我最近开发的一种极佳的机会锻炼方式。这些都属于机会锻炼，可以在日常生活中练习，不必留出特定时间。

你可能想知道这么简单的练习是否有效，根据我自己的经验，可以肯定地告诉你的确有效。通过机会锻炼，我的身体变得更轻盈敏捷，更富活力。即使是现在，我快 70 岁了，每天仍然靠墙做 10 个手倒立俯卧撑，通过屈直手肘来举起整个身体，高尔夫球打得比 40 多岁时更远更准。

我们需要增强体力以免被身体状况所限制。现在，我分享自己坚持的三种机会锻炼的方法，希望你也能真正掌控自己的身体，带来健康。

一分钟锻炼

我每天都要阅读几十份报告，见无数人，从早到晚做讲座，没有时间去健身中心，因此我开始做一分钟锻炼，不浪费宝贵的每一分钟。

在卫生间洗完手，我会靠墙做俯卧撑；坐在椅子上工作时，我用拳头或手指重复抬起和放下身体；或者臀部和膝盖悬空爬行，双手和双脚着地像熊一样走路。

一分钟锻炼即每小时做一分钟中等强度的运动，有效锻炼肌肉，并在短时间内提高心率，比如俯卧撑、下蹲、仰卧起坐、弹跳、原地跳跃、熊式爬行。每小时设置闹铃提醒自己是很好的方法。这意味着你每天要做 10 次运动。在一分钟的运动中进行中等强度到高强度的锻炼可能会导致肌肉疼痛，所以掺杂做一些温和的运动，比如伸展运动而不是力量训练。如果身体有残疾或疾病，要选择适合自己健康和身体状态的方式锻炼。

不是必须只做一分钟的锻炼，五分钟或十分钟都可以。有时间时结合系列练习效果更好。例如，俯卧撑或下蹲后练习熊式爬行，心脏会剧烈跳动，呼吸急促，肌肉疼痛，身体出汗，短时间内可以体验到高强度运动的效果，心跳速度、肺活量、体温和肌肉力量得到提升。

如果没条件做长时间锻炼，那就至少花一分钟时间。一分钟似乎很短，没有太多意义，但当你真正做一分钟俯卧撑时会感觉时间是那么的漫长。你甚至可能会发现自己做的时候肌肉无力，无法持续一分钟。屏住呼吸一分钟，会感觉到时间的长短。如果你通过一分钟锻炼来练习充分利用短时间，它将激励你高效创造性地利用人生空余时间。

每小时一分钟中等高强度的运动会收获巨大效果。众所周知，久坐对健康产生负面影响，通过每小时锻炼一次，可以纠正这个习惯。根据《体育运动中的医学和科学》（*Medicine & Science in Sports & Exercise*）杂志的说法，每周就坐 23 个小时以上的人患心脏病的风险比就坐少于 11 小时的人高出 64%。研究表明，每天就坐时间少于 3 小时可以延长 2 年寿命。

如果一天中大部分时间都在椅子或沙发上度过，即使每周锻炼四到五次，也会体验到久坐带来的“沙发土豆效应”。人到晚年常常是坐在电视机前看电视而不是工作。记住，花在沙发上的时间越多，健康状况越糟糕。

美国国家航空航天局生命科学部前主任、《久坐致死，运动疗愈》（*Sitting Kills, Moving Heals*）一书作者琼·维尼克斯博士（Dr. Joan Vernikos）说，保持健康的关键在于尽可能全天活动。这并不是说你要像运动员一样锻炼几个小时，而是只要有机会就活动。走得越多越好，理想情况是最好每 15 分钟站起来活动一下，即使是简单的运动也可以。间歇性运动能打破久坐的习惯，这对提高生活质量很重要。

运动时会出现各种各样的生理现象：心率上升，血容量增加，氧气加速循环进入肌肉，细胞中的毒素被消除，呼吸频率增加，肺部扩张和收缩，更频繁地排出毒素和输送更多的氧气进入血液。

研究显示，运动过程中有20多种代谢物会发生变化，其中一些物质燃烧卡路里，一些有助于稳定血糖。在体重训练过程中，睾丸素会增加蛋白质合成，抑制蛋白质的损伤，激活复合细胞，刺激各种合成荷尔蒙激素的分泌。此外，运动还会引起生物化学变化，增强和更新大脑，特别是与记忆和学习相关的区域。

中高强度运动出汗使体温升高，这不仅会让一度倦怠的身体充满活力，还能牵动你的心智。一分钟锻炼之后，大脑真正清醒警觉起来，简而言之，精神更集中了。这就是为什么你不再分心，注意力增强；随着时间的推移，自信和激情也得到提升。

重要的一点是把一分钟锻炼融入日常生活中，而不是与生活分开。换句话说，生活就是锻炼，锻炼就是生活。如果日常生活中每个小时都做一分钟的锻炼，体内就会犹如天堂一般，过上一种身心合一富有创造力的生活。从这个意义上说，我也把一分钟锻炼称为通天生活（Tong Chun Living）。

通天生活使人保持清醒的意识。没有这些，我们就不存在。

虽然我们有意识，但除非它被唤醒，否则不是一种活的意识。为了保持清醒，我们每小时都做通天练习，习惯和体质就会改变。改变后的体质允许我们为自己的健康负责，允许我们创造自己的幸福与平和。

三十多年前，在我早期推广独创的身心锻炼方法时，曾为两家跨国企业创始人即现代集团的郑周永和 SK 集团的崔钟建提供了一对一的指导。他俩的体质与一般人不同。最重要的是，他们努力工作，有效利用时间，专注力非比寻常。换句话说，他们的性格致使他们必然成功。对于只接受过小学教育的郑周永来说，情况尤为如此。让他成功的不是良好的学术背景或环境，而是他与众不同的生活方式。

改变生活方式非常重要，要在日常生活中养成健康的体质和习惯。很明显，坏习惯会使健康恶化。生活是由习惯组成的，很难在一天时间内改变长期养成的生活方式和习惯。这就是为什么我想告诉你，每小时做一分钟锻炼，就是结束过去的坏习惯。把一分钟练习当作意志的利剑，斩断旧习，不断重复积极的行动来养成新习惯。

一分钟锻炼就是找时间摆脱旧习，关心身体和自己。这是一种有意识的行动，在当下专注于自己，保持正念。一旦开始这样做，你会自然而然地关心生活中其他方面。

坚持做一分钟锻炼，一个月、两个月、三个月，会发生很多变化。你将体验到身体和情绪中的生理化学变化，无论发生什么，会发现自己正培养起一种运动生活新方式。我们常常昏昏沉沉地发呆，把时间浪费在令人不安或分心的想法上，通过一分钟练习可以摆脱这些时刻。当我们感到有压力的时候，也可以用这种方式改变情绪，摆脱令人窒息的气氛。

每小时做一分钟锻炼时，我们要告诉自己的身体和情绪："我是主人。"然后在下一个小时里可以更有效和创造性地管理时间，从身体和情绪的虚弱与懒惰的能量中解脱出来，保持清醒和专注。我们通过管理身体状况最终管理我们的时间、情绪和目标，这些都是人生管理。

一分钟锻炼也可以称为觉悟的一分钟。在传统的东方哲学中，觉悟是无我的体验，是自我意识消失的状态。一般来说，要达到这种无我，必须经历一个极其艰难的禁欲练习过程。然而，在你做一分钟运动时，可以体验到一种无我即没有任何念头的状态。你的心专注在身体上，其他所有念头都消失了。

试着连续做一分钟俯卧撑，你会专注身体感觉，这样就没有其他念头了。当你挣扎着做俯卧撑的时候，还会有无谓的烦恼或想着美食吗？可能不会。简化思想的最好方法是将意识集中在身体上。当注意力集中于身体，就不会分心了。注意力会从你的头部消失，转而在腹部中心出现，每小时一次会让你的身体留下深刻的印象。

更重要的是，一分钟锻炼能增加激情。通过激情，可以窥见按自己想要的人生去生活的意愿。你有多少激情？毫不夸张地说，这个问题的答案决定了一个人的一生。对老年人来说，退休后没什么事可做，保持激情并不容易。他们很容易认为自己太老了，无法全身心地投入到新事物中去。但是，激情并不是因为年轻或者环境好才能被培养出来。你不应该期望别人来激发你内在的激情，或通过更好的外部环境再生激情。激情是靠你自己创造和发掘的东西。

一分钟锻炼是提升内在激情的好方法。可以通过心脏跳动、肺部呼吸、肌肉力量感觉自己活着，这是增加激情温度的时刻。“从现在起，我要为自己的健康负责，我将创造我的生命。”怀着这种意志，爆发自信和激情。激情就是希望，请通过一分锻炼来点燃激情之火。

长生步行走

2006 年的一次事故让我养成了长生步行走的习惯。那年我 56 岁，在美国亚利桑那州的塞多纳骑马，上山时马突然停住，导致我摔下来腰部受了伤。平常总是忙着开会、上课和出差，事故发生后，我第一次将时间完全花在身体恢复上。有一天，我意识到自己走路的方式发生变化，步伐不再年轻有力。从某种程度上，我已经习惯了韩国所谓的“主席步态”（Gait），身体后仰，重心在后脚跟上。

于是我开始研究不同的走路方式。我小心翼翼地一步步走，改变姿势和角度，像个蹒跚学步的孩子，仔细观察身体的感觉如何变化。我还研究了周围人的步态，老年人走路的方式和年轻人有所不同。

一系列研究之后，长生步诞生了。这种走路方式是双脚平行对齐，像数字 11 一样，从涌泉穴（脚掌下方的能量点）向下按压，一直弯曲到脚趾尖。把重心放在前脚掌，愉快有力地前行，这时我感到心情愉悦，体力也在恢复。我用这种方式在房间里行走，在小路上行走，在高尔夫球场行走，满怀激情不断创造步行的机会，感觉很美妙。

在坚持每天走长生步五个月以后，我突然感到身体充满了活力，就像年轻时一样，更加轻盈敏捷。靠自己的两条腿走路让我既高兴又感恩，还意识到走路不仅仅是一种简单的运动方式，也可能是一种促进健康的方法，一种体验快乐的方式。走路的时候心态非常重要，忙碌的人从 A 点走到 B 点，脸上布满了忧虑；但那些满心欢喜走路的人，把步行当作锻炼，脸上的表情明媚愉快。健康、快乐与平和离我们并不遥远，在行走中就能找到。

长生步是一种简单易行的行走方式，所以当我第一次介绍它时，每个人都有疑问：“那会有什么效果呢？”但体验过的人都知道，即使走一点点，在短时间内也能产生惊人的效果。当听人们讲述他们的长生步体验时，你会发现一些共同之处。

- 我没有意识到走路的方式竟如此重要。
- 散步既有趣又让人兴奋。
- 通过走长生步，我腿脚的剧痛消失了，现在感觉更轻松。
- 我过去常失眠，现在可以睡得很沉。
- 我的肤色改善了，身体感觉更轻盈。
- 我常常焦虑和紧张，但现在更加平和了。
- 我的身体有更多能量，头脑更清晰，对工作更加专注。

改变走路的方式，可以带来巨变。大多数人走路时不会想什么特别的事情，对步态不太关注，也没人会批评我们走路的方式，反正舒服就好。在学校里没怎么学习走路，而且我们也不担心脚底，但生活质量的改善却取决于我们如何迈开这些步伐。不要仅仅为了走路而走路，而是告诉自己，“我走路的时候也是锻炼”，让步行成为一种促进健康长寿的手段，一种创造幸福的方法。

晚年肌肉衰退，骨骼会随着年龄的增长而改变，我们走路的方式也会不同。60 岁以后，背更驼了，膝盖不能完全伸展，步履蹒跚，膝盖变弱使身体的重心从脚底上升到下背部。之后，当腰背变得虚弱时，肩膀和脖子更容易硬紧。

长生步让我们回到孩提时单纯健康的步伐。孩子们精力充沛，迈步时把重心放在脚前部，身体向前倾，好像要倒下似的。他们不会背着手慢慢走，而是步伐生动、冒险式前行。为了将年老的步态恢复到年轻的步态，我们需要重新训练自己。

长生步的基本姿势是舒服地站立，专注于脚底的涌泉穴。涌泉穴位于脚底凹陷处，距离脚趾底部约三分之一处。专注涌泉穴，脚趾紧抓地面。因为体重被分散在脚底，膝盖、臀部和腹部的核心部位绷紧，身体会变得平衡。接着，能量连接到胸膛、颈部、头顶，刺激大脑。现在试着走路，想象你的身体从脚下涌泉穴到头顶是相连的。当从头顶到脚趾的能量被激活，通过刺激涌泉穴，恢复初始生命力，身体的自然疗愈力可以最大化地发挥出来。

长生步通过拉紧脚掌来激活大脑，不同于普通走路。脚趾是连接脑部神经最集中的部位。正确地弯曲脚趾，需要把涌泉穴和脚趾同时往下压。在东方医学中，涌泉穴被认为是身体最重要的经络穴位之一，这个名词的意思是：“人体内的生命气能像泉水一样从地面涌出。”传递到大脑的能量取决于如何往下按压涌泉穴和脚趾。

如果对世界长寿人口聚集地进行调查，会发现很多都在山区的村庄里。从早到晚爬山是他们的日常行走方式，爬山时重心放在了前脚掌。

走路时按压涌泉穴，能量会自然沉入脚底。脚底变暖，头部清凉，这是因为因压力而上升的火气沉入了脚掌。东方传统医学认为，保持头部清凉和脚部温暖是健康长寿的秘诀。火的温暖能量和水的清凉能量在我们的身体里循环。当保持这种平衡，水能上升保持头部清凉时，火能下降让腹部保持温暖，身体达到水升火降的状态。在这种循环状态下，大脑及身体都能发挥最大的功能，不仅新的能量和活力在体内涌现，我们的专注力和判断力都在提升，内心也变得更加稳定与平和。

现代人所遭受的大多数疾病都是由能量的反向流动所引发：身体的火气能量直冲头部。如果这种情况持续，头脑就会发热，思维也不清楚，专注力下降，严重时会引起头痛或失眠。脑力工作者多用脑而缺少运动，大量的火气能量上升到脑部，因此需要付出更多努力培养走长生步的习惯。

长生步的另一个要点是双脚保持平行，就像数字 11 一样。大多数身体虚弱或不健康的人走路时脚尖向外，让身体的能量慢慢散出。长时间这样走路会损伤膝盖，使臀部失去平衡，导致椎间盘或腰椎疼痛，同时也会导致肌肉和骨骼过度劳累，造成身体变形。但是如果你双脚平行走路，腿和下半身的重心就会绷紧，

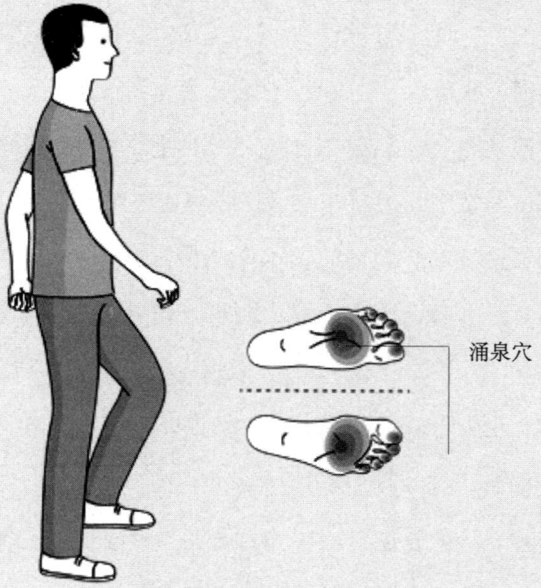

长生步行走带来更多的活力和能量

1. 把身体的重心放在涌泉穴上。

2. 保持双脚平行，类似数字11。

3. 用力踩压涌泉穴，然后挤压脚趾并拢。

4. 走路时感觉脚底和大脑相连。

下背部会挺直。脊柱挺直时，能量和血液循环顺畅，脑髓液的流动得到改善，从而头脑更加清晰。

走长生步时，最好把尾椎骨微微往里收。稍微向前拉动尾椎骨区域时，肛门括约肌收缩，能量更容易聚集到下腹部。下腹部变得更暖，能量沿着脊柱上升，从尾椎骨开始，随着能量在身体核心部位聚集，整个身体的血液和能量循环得到提升。

通常易疲劳和身体状况不佳的人最先想到的就是躺下来。体能随着年龄的增长而减弱，人们倾向于花更多时间休息，而不是积极活动。但是躺得越多，身体就越虚弱。即使你在周末好好地睡一觉，也可能感到精疲力竭，那是因为躺了太长时间，能量不能很好地循环，起床后身体自然感觉迟钝，没啥精力。如果真的想躺下时，那就先走 5 到 10 分钟长生步，让血液和能量循环起来。这样能睡个好觉，醒后整个人精神焕发。

2500 多年前，希波克拉提斯（Hippocrates）说，“走路是最好的药”。走路是一种全身运动，调动身体 600 多块肌肉和 200 多块骨骼。特别是通过刺激许多伸展到脚掌的神经，促进腿部的血液循环和新陈代谢，在训练下半身肌肉和预防老化方面发挥了重要作用。

走路是一种有效向大脑供氧的方法。虽然大脑只占身体重量的 2%，但却是使用能量最多的部位。心脏泵出的血液 15% 用于大脑，通过呼吸进入身体的氧气大约 25% 用于大脑，即使在休息的时候也是如此。如果大脑的供血中断约 15 秒，人就会失去知觉；中断 4 分钟，脑细胞就会遭受无法修复的损伤。当脑细胞活动减少时，大脑变得不清晰，注意力不集中，意志力逐渐消失。如果要给大脑提供足够的氧气，血液循环必须平稳顺畅。通过活动，双腿即所谓的人体第二心脏可以帮助心脏活动。这有利于血液循环，产生良好的氧气供应，让你从头顶到脚尖都保持健康。

走路不仅会推迟脑部相关的老化，如大脑萎缩和功能衰退，还可以增加大脑容量。匹兹堡大学（University of Pittsburgh）的柯克·埃里克森（Kirk I. Erickson）博士发现，60 岁至 80 岁的人，一周运动 3 天，每天步行 30 至 45 分钟，持续一年时间，他们脑部负责记忆的海马体的大小会增加 2%。相反，如果不动用我们的身体，它的功能必然会下降。举个例子，如果你一条腿受伤，绑一段时间石膏，脱下石膏的时候，会发现受伤的腿比另一条腿瘦。其中一项测试研究了强壮健康的男性在卧床三周不动后肌肉萎缩的情况。他们的手臂肌肉保持不变，但腿部肌肉变瘦了 15%。经过 9 周的训练，萎缩的腿部肌肉恢复了原来状态。这类研究似乎从科学的角度证明，除非走路，不然我们的腿部会首先萎缩。而且，人们重建肌肉的时间将是失去肌肉的三倍。

据说双腿忙碌使人长寿。腿是我们活力的源泉。人体的活力取决于我们维持肌肉的能力，而一般人 30% 的肌肉都在腿上，运动员会超过 40%。腿部肌肉越多，精力越充沛；相反，肌肉越少，能量就越低。老年人之所以容易骨折，就是因为他们失去了肌肉。如果爬了几级楼梯后腿开始发抖，这时与其抱怨年纪大了，不如马上开始每日训练，增强腿部力量。

你可以通过日常生活中简单自然的长生步促进健康。当身体更健康，人自然更快乐更平和。你对周围的人会更慷慨，渴望帮助他人。因此，我发现健康不佳是所有问题的起因。

65 岁的整形外科医生文善哲（Seongcheol Moon）在韩国济州岛工作超过 35 年。他坚信长生步可以通过纠正骨骼失衡迅速缓解病人肌肉骨骼系统的疼痛。他见过许多因职业引发骨骼异常的病人。在治疗过程中，许多病人通过长生步行走，膝盖疼痛、髋关节疼痛、腰椎疼痛、颈椎和肩部疼痛，以及由于脊柱重新调整引发的头痛都得到了改善。

他的妻子就是个典型案例。20 多年来，妻子一直饱受骨骼脆弱和遗传性膝关节无力的折磨。妻子自己也是一名医生，她首先尝试了所有现代医学的治疗方法。如果有效，文博士会把这些治疗方法应用于患者。然而，没有一种治疗方法能够完全缓解妻子的间歇性关节水肿和疼痛。走路和其他形式运动引发严重的膝关节疼痛，这使得她很难继续锻炼，因此，文博士的妻子批评他是"一个连自己妻子的腿都无法治愈的骨科医生"。

文博士从我这里了学到了长生步行走，开始每天花一个小时和妻子在诊所附近的山上散步。他们最初先走一小段路，然后逐渐增加步行距离。开始走得很慢，以便专注自己的涌泉穴，真正体会涌泉穴与大脑的联系。在此之前，文博士的妻子走路时将注意力集中在疼痛的膝盖上，但她说当意识随着长生步转移到脚掌和脑部时，整个身体似乎直立起来。大约一个月后，她不再有任何疼痛，体力活动增加，体脂减少，对治疗膝盖疼痛也有了信心。他们能够爬上韩国最高的汉拿山，这在以前是无法想象的。

根据妻子的经验，文博士现在向他的患者推荐每天走长生步。即使是最初因为疼痛不想走路的病人，后来也说在逐渐增加了以适当姿势行走的时间后，身体变得更强壮，疼痛也随之减少。虽然有很多方法可以纠正走路，但文博士建议，长生步行走可以有效地快速缓解身体紧张，纠正身体不平衡，缓解慢性疼痛。

肚脐疗愈

我推荐的第三种保护健康的机会运动是肚脐疗愈。这是一种自我疗愈方法，通过刺激肚脐这个触发点来促进身心健康。在过去的 37 年里，我开发了许多身心健康的练习，但还是想找到更简单有效的方法。肚脐疗愈和长生步行走一样简单，但身体刺激区域不同寻常，人们常常会惊讶地问："你刚才说什么？"直接体验肚脐疗愈后，他们再次对这个简单练习的强大效果感到惊讶。

肚脐疗愈的基本理念是有节奏地反复按压肚脐，且听我慢慢道来。经历过肚脐疗愈体验的人在诸多方面状态都有所改善，包括消化更好，睡眠更深，情绪改善，能量提升，以及疼痛减轻。为什么这个简单的运动效果如此之好？答案是肚脐的位置。肚脐在人体的中心，即腹部的中心。肚脐周围分布着维持生命的所有主要器官系统，包括消化系统、循环系统、呼吸系统和免疫系统。促进消化、增进血液循环、深呼吸、增强免疫系统是构成身体健康的重要因素。按压肚脐可以把这些系统同时激活。

当然，真正了解肚脐疗愈需要直接体验。首先舒服地躺下，如果不能躺下，坐着也可以。放松身心，试着真实感知自己的身体——呼吸节奏、活力感，以及腹部和腿部的温度。接着把双手食指、中指和无名指放在一起，反复按压肚脐。按压时隔着衣服做，不要直接接触皮肤。闭上眼睛，将注意力集中在肚脐上，每分钟有节奏地按压 100 次。习惯之后，可以增加按压次数。还有一种特殊的工具叫作"生命疗愈棒"，专门为效疗愈肚脐而开发。

如果胸部有窒息感，用鼻子或嘴自然地呼气，排出胸腔里的空气和能量。大约重复 100 到 300 次之后，停止肚脐按压。

保持舒适的姿势，闭上眼睛，专注肚脐和下腹部，开始肚脐呼吸。基本过程很简单。为了让肚脐呼吸获得最好的效果，需要在这个练习中加入想象。想象肚脐上有一个呼吸孔，仿佛鼻子从脸上移到肚脐上一样。吸气时，鼓起腹部，想象生命能量通过肚脐的“鼻子”进入并充满腹部；呼气时，把意识集中在肚脐上，收缩腹部。想象一下，生命的能量正通过肚脐注入腹部，腹部仿佛橡皮球不断地充气和放气。

随着呼吸更深入与舒适，可以感受到生命能量的注入，就好像在妈妈的子宫里通过脐带连接，在那个安全舒适的地方接受妈妈的爱，仿佛回到了无限舒适与平和的时刻。你不会觉得自己是一个独立的有机体，而是有一种稳定与合一的感觉，通过肚脐和妈妈相连。

不超过五分钟，呼吸就会加深，变得更自然，腹部甚至下半身更暖和，头部也会更清晰，整个人充满活力，同时更加放松。在这么短的时间内产生如此多的积极效果，是不是很神奇?

肚脐疗愈最直接的效果是改善肠道健康。除了消化食物、吸收营养和排出体内废物外，我们的肠道还深度参与排毒和免疫功能。最近对肠道微菌、肠与大脑的研究也表明，胃肠与我们的情绪和思维密切相关。

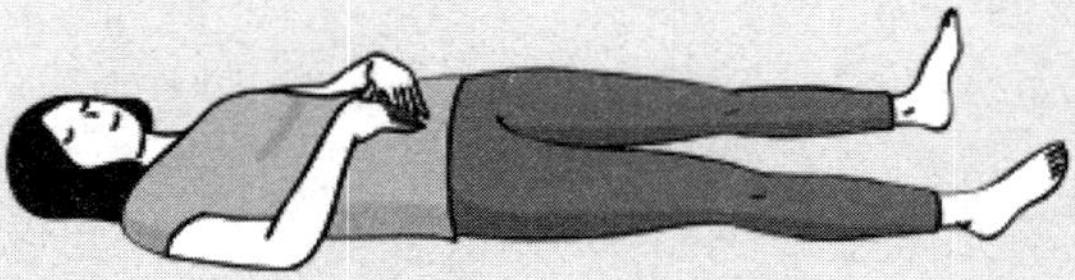

肚脐疗愈

1. 可以站着或者躺着做肚脐疗愈。
2. 放松身体， 自然呼吸约1分钟， 把注意力集中在下腹部。
3. 用双手的三个指头有节奏地重复小心按压肚脐约100到300次。
4. 做完后，花几分钟专注于呼吸，感觉身体的放松和清醒。

你可以使用肚脐疗愈棒——为练习而特别设计的工具， 非常简单有效。

肚脐疗愈最直接刺激的器官是位于肚脐正下方的小肠。有节奏地经常按压肚脐可激活小肠肌肉的蠕动，帮助消化，使肠蠕动正常顺畅。身体大约 30% 到 40% 的血液流经腹部器官，通过按压和刺激肚脐，可以有效增加腹部血液循环，促进全身氧气和营养供应。健康的饮食习惯固然是肠道健康的基础，但肚脐疗愈的很大优点是不用食药辅助，通过简单的运动对肠道健康做出重大贡献。

此外，腹部淋巴结集中在肚脐周围。淋巴结是免疫系统器官，肚脐疗愈通过适当刺激淋巴结来促进淋巴液流动，从而协助免疫反应和排泄废物。

研究人员越来越意识到肠道微菌免疫功能的重要性。肠道中有 300 到 1000 种微菌，统称肠道微菌群生态。 肠道微生菌不仅能分解食物，制造维生素和激素，还能阻止病原体产生。肠道免疫系统包括免疫细胞和微菌的活动，占人体免疫系统的 70% 到 80%。肚脐疗愈可以帮助改善肠道环境，提高腹部温度，通过锻炼肠道，促进血氧循环，从而增强免疫力。

事实上，科学已经发现管理从食道到肛门的神经元，即肠道神经系统（Enteric Nerrows System，简称 ENS），可以独立于大脑运作。就像大脑一样，肠道神经系统也有专门的细胞接收信息、处理信息，告诉消化系统该做什么。即使肠道神经系统和大脑之间的联系被切断，或者大脑停止工作，肠道神经系统也可以继续工作。这就是为什么肠道神经系统和相关细胞被称为第二大脑或肠脑。

大脑中大约有1000亿个细胞，而肠脑约有3亿到5亿个细胞，是脊髓细胞数量的5倍。我们的肠道功能非常重要，它通过脑部神经中的迷走神经直接连接大脑。超过2000多条神经纤维将我们的大脑和肠脑连接起来，让这两个大脑能够紧密迅速地沟通。这就是为什么当肠道发生问题时会立即影响大脑，相反，当大脑出现问题时，肠道也会出现问题。当听到坏消息或感到紧张时，你胃痛过吗？当肠道有气或便秘时，有没有过头痛？这都说明了肠道和大脑的紧密关联。

肠脑对大脑的影响甚至更为深远。例如，肠道中的神经元和激素分泌细胞会产生影响我们情绪的化学物质。大约50%的多巴胺即让我们感到愉悦的神经递质在肠脑中产生。超过95%的血清素——一种能给我们带来快乐感和幸福感的神经递质——也在肠道中产生，而只有3%的血清素产生于大脑。

血清素和多巴胺影响情绪、动机、睡眠、性欲、性功能、记忆、学习，以及社会行为。当没有足够的血清素或多巴胺时，抑郁和焦虑可能会因肠道问题受到强烈影响。改善肠道健康可以增加血清素和多巴胺的分泌，让我们保持正面的情绪，感到满足并充满积极性。大多数患有自闭症或多动症（注意力缺陷多动障碍）的儿童都有肠道问题。一些成年人的脑部疾病如老年痴呆症，也与肠道疾病有很强的关联。

研究表明，50 岁以上由于缺乏血清素导致抑郁症的人，患急性贫血痴呆症的概率是同龄无抑郁者的两倍，而他们患老年痴呆的可能性则要高出 65%。当肠道条件得到改善时，许多大脑状况也都有所改善，有时这比直接针对大脑的传统治疗更有效。

我曾与世界著名的肠脑健康研究员、《心灵与肠道连接》（*Mind-Gut Connection*）一书的作者埃默里·梅尔博士（Dr. Emeran Mayer）开过几次会，有幸和他探讨关于肠脑健康的整体观点。他说，靠近肚脐的太阳丛脉轮传统上被认为是控制一个人的能量、恐惧和焦虑以及食物的消化，这表明肠道和大脑之间存在联系。他说，通过直接物理刺激激活太阳丛脉轮如肚脐疗愈、按摩或者像瑜伽、腹式呼吸那样的间接刺激，都能促进肠与大脑的连接。

正如前面提及，肠胃和大脑通过迷走神经连接。这种脑部神经从脑干延伸到几乎身体的所有器官，包括小肠、胃、肝、肾、肺和心脏。迷走神经是一条双向信息高速公路，把大脑的指令传递给器官，如呼吸、心跳等，同时也把器官的信息传递到大脑，包括胃和其他消化器官是否空闲。

肚脐是直接刺激迷走神经最有效的部位，因为它下面有几层肌肉。反复有节奏地按压肚脐刺激小肠中的迷走神经，会对大脑和其他器官产生连锁反应。

肚脐疗愈最大的好处是提升了管理压力的能力。迷走神经是身体最大的副交感神经。副交感神经让我们的身体休息，通过消化、排毒和修复损伤补充能量。相反，交感神经会引起应激反应，使身体兴奋和紧张。如果交感神经过度活跃，我们就会患上各种疾病——高血压、糖尿病、心脏病、动脉硬化、感知功能、消化不良。这就是为什么压力被认为是许多疾病的根源。肚脐疗愈刺激副交感神经，让身体深度放松和休息。五分钟肚脐疗愈后，口腔内唾液增多，呼吸变得更深，表明副交感神经系统已经被激活，而且提高了身体的自然治愈能力。

这个肚脐能量点被韩语称为神阙穴，根据东方医学的说法，刺激神阙穴可以提升身体的免疫力，促进腹部器官能量和血液流动，使身体变暖恢复整体健康。

对于能量减弱、呼吸变浅的老年人，肚脐疗愈是一种简单有效的健康练习。通过收缩腹部，泵压肠道内血液在体内循环顺畅。这也锻炼了腹部肌肉，让肠道更柔韧，让横膈膜深深沉入腹部。当你缺乏活力或感到疲惫时，哪怕按压肚脐一分钟，然后做肚脐呼吸，很快就会感觉到身体恢复活力，越来越暖和。

这有点儿像用心脏复苏术治疗心脏停止跳动的人。我们可以说，肚脐疗愈是给健康崩塌的人恢复身体活力的能量复苏术。在美国，许多直接体验过肚脐疗愈强大效果的人都志愿参与“恢复活动计划”，拜访社区生活援助机构，教老人和工作人员做肚脐疗愈。

深呼吸是保持老年人健康、活力、稳定和心境平和的关键。随着年龄的增长，人们的呼吸变得短促。婴儿期是用下腹部深呼吸，但随着时间的推移，活力下降，胸部的能量被压力阻挡，呼吸变浅，导致只能用胸部呼吸。人临终前呼吸变得更浅，最后集中在喉咙，直到再也不能呼吸为止。对于年纪较大的人来说，没有什么比肚脐呼吸法更能在短时间内有效地恢复深度自然呼吸。

肚脐疗愈也可以用于找到肚脐周围的疼痛点，然后通过按压这些痛点来解决身体相关部位的问题。反复按压肚脐和呼吸的目的是为了增强活力。按压肚脐周围的疼痛点对于释放腹部、附近器官、肩膀、下背部和髋关节的能量淤堵十分有效，这可被称为肚脐反射疗法。

莱缪尔・卡洛斯（Lemuel Carlos）是一名 40 多岁的移民律师，住在亚利桑那州的凤凰城。他的家人在凤凰城的菲律宾社区因商业活动和非盈利活动而享有盛名。他本人通过参加体脑瑜伽中心的训练了解到肚脐疗愈，起初觉得很奇怪，并不想尝试。

后来他的想法改变了。他的父亲今年 81 岁，23 年前接受了肾移植手术。本来新肾状况很好，直到一年前迅速恶化，最后还是接受了长期透析洗肾。在开始肚脐疗愈和体脑瑜伽锻炼后，父亲的健康状况大为改善，之前的肌酐水平上升到 5.1，几个月后下降到 2.3。后来就很少去医院，食欲也恢复了，而且糖尿病和血压恢复正常。

因为父亲的经历，莱缪尔自己也开始做肚脐疗愈。工作中处理移民和离婚的相关法律问题给他很大压力，进行肚脐疗愈后，压力大大减少了。5 分钟肚脐疗愈的效果对他来说和步行 15 到 20 分钟相等。

他说，累了和注意力不集中的时候做肚脐疗愈，会让他更清醒，比喝咖啡好多了。25 年前，他做了脊髓肿瘤手术，之后左臂活动一直觉得不自如，做了几个月的肚脐疗愈后，不再有任何不适。在菲律宾社区，许多人都在经营协助老人生活的商业活动，莱缪尔和社区朋友们积极分享肚脐疗愈，还向客户推荐。

更多关于肚脐疗愈的知识，可参阅《肚脐疗愈：释放你的第二大脑》(*Belly Button Healing: Unlocking Your Second Brain for a Healthy Life*) 一书，或者访问相关网站。

身心自主

管理身体健康对于生命的圆满至关重要，让锻炼成为生活的一部分，请记住健康是老年生活质量的基石，让想要的生活成为可能。

如果已经养成经常锻炼的习惯，那就太幸运了。如果还没有这个习惯，现在就开始培养吧。寻找任何机会活动起来，选择适合身体状况的运动，使用本书中介绍的练习：一分钟锻炼，长生步行走，肚脐疗愈。请永远记住，一旦掌控了自己的身体，就很容易掌控自己的想法。

I've Decided TO LIVE 120 YEARS

THE ANCIENT SECRET TO LONGEVITY, VITALITY AND LIFE TRANSFORMATION

“情绪只是一个变化的环境，它会影响你，和你所经历的任何其他环境一样。你可以选择摆脱这种情绪，就像走出房间一样。”

Chapter 6

第六章

探索快乐新源泉

Discover New Sources of Happiness

正如每个人都希望健康一样，每个人都想要快乐，但越来越多的人似乎觉得自己不快乐。尤其是随着年龄的增长，人们在生活的许多层面经历着更深层次更频繁的不快乐：慢性疾病、人际关系疏远或中断、经济实力削弱。退休后，社会角色突然间大幅减少，人们很可能会发现他们的自尊逐渐衰退。

你快乐吗？当读这本书的时候，你可能会非常渴望后半生能更快乐更充实。为了给自己一个满足这种渴望的机会，必须鼓起勇气问自己一些重要的问题。

- 我现在快乐吗？
- 我在什么时候特别快乐？
- 当别人让我开心的时候，我是否感到快乐？
- 我是否认为是外部环境让我不快乐？
- 我是否认为内在快乐很重要？
- 我是否积极主动地创造内心的快乐？

如果你现在感到快乐，并且正积极努力地使自己更快乐，那就太好了。但如果你现在不开心，不知为何而担忧，那要赶紧找到原因。

管理你的环境

我遇到过来自各行各业的人，帮助他们过上更加令人满意的生活，总结起来，我发现人们感到不快乐的原因主要有两个。

首先，他们对自己所处的环境不满意。换句话说，他们认为自己不快乐是因为缺少某些东西。环境不仅指你周围的环境，比如你的经济实力和人际关系，还包括你所面临的所有情况，甚至包括你的身心健康。有些人认为不快乐是因为身体不好，有些人认为不快乐是因为没有足够的钱，还有一些人则认为不快乐是因为他们没有伴侣或朋友来分享他们的心情。这些都是周围的环境因素。

如果你让环境因素决定自己快乐与否，就不可避免地成为环境的奴隶。要想快乐，不得不等待环境发生变化。相反，你应该成为周围环境的主人，引导它发生变化，而非埋怨环境。没有这种态度，就无法利用好环境，反而会被它控制。许多人虽然拥有财富和权力，却因为滥用而陷入痛苦。

衰老所将经历的第一件事是身体变化、皮肤失去弹性、更容易生病。这种身体上的变化往往伴随着令人不安的情绪，如焦虑、悲伤和恐惧。我们如何处理这些情绪？一种强有力的方法是通过机会锻炼，将意识转移到身体上，我在前一章有所论述。如果经常锻炼，就能从负面情绪中解脱出来，在任何情况下都能迅速改善情绪。

你必须了解自己和情绪之间的关系：情绪不是你本人，而是属于你。情绪只是一个变化的环境，它会影响你，和你所经历的任何其他环境一样。你可以选择摆脱这种情绪，就像走出房间一样。你可以改变情绪，因为它们只是你的内在环境，而不是你的本质。

不管多么努力地通过训练和冥想来控制自己的心理，内心还是会产生消极的情绪，有时会感到孤独、伤心或生气，这些都是正常的。只要我们与无数的人和事纠缠在一起，就会出现这种情绪。因为我们生活在许多外在和内在的环境中，情绪必然会根据环境的变化而产生变化——正如天气不总是阳光明媚，也会有阴天、刮风或下雨。把握自己的中心本质可以平静地观察这些变化。

孤独、悲伤、愤怒和恐惧这些消极情绪并非一定不好。如果我们感受不到焦虑或恐惧，人类如何能够在危及生命的时刻从容应对从而生存下来？如果悲伤和愤怒完全消失，生活会多么无聊、乏味和浅薄？正因为我们经历那这些令人挣扎的时刻，才会倍感快乐和幸福时刻的美丽与珍贵。

重要的是，不要被负面情绪所困扰。产生情绪很自然，但必须防止陷入这些情绪被其牵制。长时间在消极情绪中挣扎会削弱力量，感到孤独、害怕和痛苦。这种情绪会使人变得更加灰暗沉重。特别是一旦陷入变老的消极情绪中，消极想法会接踵而至，诱惑你放弃——我们开始告诉自己：“我无能为力，生病、无聊、孤独、慢慢变老。我随时都可能死，好害怕。”

为了避免陷入负面情绪，需要意识到自己的情绪状态，培养摆脱负面情绪的能力，这就是信念的力量。只有心灵的光辉与信念的力量才能平复情绪的起伏波动。一旦信念的力量觉醒，就可以观察到自己的感觉有所转变，意识焕然一新。然后，你可以根据自己的意愿运用环境，而不是被环境控制。你认为的环境，无论是好是坏，都有助于心灵成长，通过环境可以探索实现心灵成长的方法。你是被困在自己的环境中成为它的奴隶，还是掌控环境加以好好利用？必须做出选择。只有这样，才能创造幸福，成为自己生活的真正主人。

回顾过去，我意识到自己经历了许多曲折挣扎。艰苦的环境实际上锻炼了我，那么多困难无法一一列举，但在此我还是要讲述一个尴尬的经历。

大约 20 年前，我从韩国来到美国开始教授这套体脑训练方法，满怀希望和期待登上飞机，穿过太平洋，飞越美洲大陆，最后抵达纽约肯尼迪国际机场。下飞机后我取了行李放到一辆手推车上，然后去找接机人。这时突然有一个人走过来和我说话，我英语不好，听不懂他在说什么。那人滔滔不绝，感觉他在问路，但我不熟悉这个地方，无法解释，只能很沮丧地站在那里。

不过我很奇怪，如果我不能回答，他应该去问别人，但他在那里一直微笑着，试图用肢体语言表达。“等一下！”我想了想，然后转过身，看见有人拿着我的包走了，我又回头看了看，那个跟我说话的人也走了。直到那时我才意识到：“噢，天哪，我的包被偷了！”那个包里有我上课要穿的制服、书本和仅有的 5000 美元。见到了来接机的人，他虽报了警，但也没办法找回我的包。

可以想象我当时多么沮丧。“刚到美国怎么可能发生这样的事呢？我来这里是不是个错误？这对未来是个坏兆头吗？应该回韩国吗？”各种负面想法涌上心头。可是我不能回韩国。离开韩国时我对学生们说：“你们全权处理韩国事务，我将在美国开创这项事业。”所以我甚至不能妄想回去，而且也很难开口告诉别人我的包被偷了，仿佛人们私下里会说：“一个有觉悟的大师被偷了钱？他难道不是看一眼就知道那人是不是小偷吗？”

本来满怀希望，谁知瞬间陷入绝望。这段非常不愉快的经历导致我似乎很难在美国开展工作。情绪是一种能影响身心的能量，起步很困难，所以我觉得自己没有足够的力量开始这么艰巨的任务。我当时可以顺理成章地放弃，但幸运的是，我知道可以如何不让自己停留在那种状态之中——必须让自己处于一种新的情绪状态，即使问题会不断出现。

所以，我决定给自己寻找一个积极信息——思考一到美国就丢了包意味着什么。我的脑海里浮现出这个信息："包和钱没有丢。我来到美国向纽约捐赠了5000美元。那个家伙的处境一定很糟糕，所以才把钱拿走了。"用这种方式改变想法后感觉好多了。我对自己说："我捐了5000美元，将来会有福报。10年后我会得到1000倍的回报。"

当我用这种方式思考之后，心情真的好了很多，一种势不可当的野心涌上心头。外部环境没有任何变化，只有一件事改变了——我的想法。我所做的只是改变了对一件事情的想法，用与之前截然相反的态度获得了面对现实的力量。我所希望的真的在10年后变成了现实。改变想法，给大脑一个好的信息，这是改变你所处环境的第一步。

我们在生活中会遇到各种各样的障碍，即使是同样的麻烦，反应会因人而异。有些人从此停滞，没有进步；而另一些人则勇敢地突破，继续前行。成功应对挫折的人会等到随后而至的机会和祝福。障碍是需要被克服的，在克服过程中，我们得到锻炼和成长。不要害怕障碍，如果你认为障碍是一堵厚实的墙，那就很难突破了。根据我迄今为止的经历，障碍不是厚厚的墙，而是薄薄的窗纸，外面看起来很厚，但只要用力冲过去，一下就被打开了。然而，很多人都很害怕，甚至没有想过要冲破那些墙。

当遇到困难出现麻烦时，不要绝望地放弃。首先试着去想，你所面对的一切都存在原因。然后试着转变观念，把它看作一种能够培养你内心力量的环境。有了这样一种心态，就可以把每件事都看作是需要学习的功课，犹如成长磨坊的有利谷物。这样你就拥有了改变环境的能力，作为创造者站立在环境的中心位置，然后，自己创造和分享幸福，不必等待外部环境给予。

快乐的新源泉

许多人感到不快乐的首要原因是他们对所处环境不满意。也许他们没有得到想要的机会、家庭关系很差，或者一生都面临财务困难。如果拥有一个良好的环境，如果没有这些麻烦，他们会更快乐吗？不一定，你可能直接或间接地已经看到了。许多拥有大量财富和权力的人，那些成功人士包括受欢迎的名人，都觉得自己不快乐。即使有好房子、好车和伴侣——这些通常被认为是快乐的条件——也一定会乏味和无聊。为什么呢？因为他们没有找到赋予生命真正有意义和动力的东西，那些东西可以让他们每天充满激情地生活。缺乏目标感是人们感到不快乐的第二个原因。

从退休到死去的时间多到令人难以置信，但所有这些时间都让我们感到不舒服，不知道如何度过。假设退休后再活 35 年，每天有 8 个小时从事有意义的活动，那么生产性时间就会达到 10 万小时之多。如何以充实而有价值的方式度过这 10 万小时呢？如果在一间好房子里每天好吃好喝过单调的日子，能称之为真正有意义的快乐生活吗？这样的生活过到闭眼那天，我们能说“我真的过得很好，觉得很满足，真为自己骄傲”吗？

我们需要改变对快乐的看法，去发现快乐的新源泉。快乐的另一个名字叫欢喜。欢喜分为各种各样，基本的欢喜是满足本能欲望的欢喜，比如吃的欢喜和性的欢喜。往上一个层次也有两种欢喜，一种来自占有，另一种来自控制。目前我们谈论的是动物们也能感受的欢喜，这种欢喜通常是控制体能和欲望。

年轻时，我们对食物、性、占有与控制的欲望很大，但如果年老时还执着于这些乐趣，就会给自己带来烦恼。我不是说不要再去追求这些快乐，你仍然可以享受食物和性，可以通过经济活动实现所有权和掌控权。然而，如果想仅通过放纵和满足欲望来减轻厌倦，有意义和真正幸福的生活会渐渐变得更加遥远。

老年是寻找快乐新源泉的时候，过去仅仅追寻满足欲望而带来的快乐，现在应该找到更高层次的快乐，好比挖一口新井。如果以前的水不再解渴，你需要自己再挖一口井，而不是站在那里看着旧井干涸，期待雨水或其他人来为你注满水。快乐还有很多其他来源，如果你愿意，可以挖另一口井。老年是认真专注于寻找内在快乐的时候，而不是追求来自于财富和权力等外在的快乐。快乐的内在之泉永不干涸，它奉献真正纯净的水，可以给厌倦了的单调乏味生活解渴。

幸运的是，身体系统让我们在老年时追求更高层次的快乐。

随着年龄的增长，食欲和性欲自然会下降，荷尔蒙的变化重塑我们的生理欲望。当然，那些需求仍然存在，但与年轻时的巅峰相比大大减少了。就像毛毛虫一样，到了一定阶段就不再吃东西，而是把时间花在作茧上，人类年老后食欲下降，性需求减少，但却有更多的时间独立思考。

就像那些毛毛虫准备蜕变成蝴蝶在空中飞翔一样，人类站在大地上抬头仰望天空，我们反思自己过去是如何生活的，认真思考如何在去世前找到归宿。这样，人类自然地在年老时追求更高层次的快乐，这是人类身体的本能和自然的法则。这就是为什么那些自私的人年纪大了仍然念念不忘私欲看起来很丑陋。我们要跟随身体的变化，按照大自然的秩序生活。

虽然我们可以在后半生追求不同种类的高层次喜悦，但其中有三种快乐会带给我们真正的内在满足感，引导我们走向圆满的生活。第一种是弘益（Hongik）的喜悦，韩语里的含义是为了所有人的利益而活，让他人受益。第二种是觉醒的喜悦。第三种是创作的喜悦。当你拥有伟大的、纯洁的、无条件的爱时，当你实践弘益行动时，你会感受到唤醒和创造的喜悦。

弘益的快乐

什么时候会感到快乐？很多人说是当他们爱别人和被别人

爱的时候；当被问及什么时候不快乐，他们说当然是不能给予爱和不能接受爱的时候。爱绝对是一种奇妙的情感，对它的理解似乎无法企及。爱可以让我们一时之间漂上幸福的云端，然后又突然陷入地狱般的痛苦。要理解爱的本质，必须知道爱从哪里来。

并不是所有的爱都是同样的层次。如果我们把爱分为两类，一种是寻求占有和控制的情感之爱，另一种是纯粹的无条件的心灵之爱。这两种爱的本源不同。情感上的爱会受到来自下丹田能量的影响，渴望拥有和控制，上升到胸部创造出情感能量，人们通常称之为源于欲望的情感，但也可能是妄想、依恋或贪婪。

纯洁、无条件的爱不寻求占有，也不寻求控制。爱情在某一时刻变成不快乐的原因是因为寻求占有和控制。当爱即将变成痛苦时，看看是否是你想要拥有和控制另一个人，尽管也可能是另一个人的错。抛开这些依恋，选择心灵的纯洁之爱吧。

拥有情感之爱的人通常是由他人的反应决定自己的快乐。如果对方爱他们，他们会很高兴，反之就会不高兴。相反，拥有灵魂纯洁之爱的人的幸福是由他们自己决定的。当他们分享心中纯洁的爱时，能够感到真正的幸福。他们专注于爱别人，而不是试图从别人那里汲取爱的能量，不会因为爱对方而期望或算计什么，相信他人明亮真实的本性，并试着去开发它，而不是将对方定格在某个模式里评判。

老年时应追求这种理想的爱情。老年伴侣可以互相学习，彼此是心灵伴侣，携手共度人生，帮助彼此在精神上得到成长。他们在这段黄金岁月中会收获微妙不可思议的巨大幸福。

这种灵魂之爱并不仅仅局限于夫妻之间。许多因死亡或离婚而与伴侣分开的人很难忍受孤独，但如果觉得没有伴侣就不会快乐，那就是给自己挖了一口不幸之井。心中的爱并非只能给予一人，环顾四周，许多人需要我们的爱与帮助。所以许多开明的长者会去做志愿者，或为邻居与社区发光发热。

当你无条件地热爱和接受别人时，当你不计较利益得失分享自己所拥有的东西时，当你发自内心地为别人牺牲自己时，会感到无比快乐。分享纯爱能量的时候，你会发现一个无法以任何其他方式感受到的快乐源泉。

生命存在于帮助他人，弘益是韩国的基本思想体系和教育哲学。弘，意味着宽广；益，意味着受益。一个弘益之人不仅仅是为自己和家人，而是为许多人的利益而工作。如果爱一个人是小爱，弘益则是大爱。

有些人心里有很多爱，但他们把爱锁在心里，不与他人分享，所以不快乐。此外，那些被小爱所伤之人可能会因为不信任而把心门关闭起来。如果彼此尊重相互关心，即使是很小的爱，也美丽富有意义。当人们慢慢成熟时，小爱就像一个路标，引领我们走向大爱。但如果只沉迷于小爱，等待爱的降临，也会让自己不快乐。拥有大爱，心会感到真正的快乐、自由与平和。然后我们的心灵就会成长，变得更加强大。

阿莉斯·格特（Alyse Gutter）住在新泽西，两年前70岁的时候丈夫去世，她一直认为自己是独立的，没有太多依恋，尤其是在婚姻生活方面。但她说，丈夫去世后，自己在身体和精神上都遭受了极大的痛苦。她后来得以重新振作是由于和别人交往。从丧亲之痛中学习到的人生经验使她能够理解和同情他人的悲伤和痛苦。当在社区中心免费教授视障人士和老年人瑜伽课时，当在瑜伽中心教授会员时，她再次微笑起来。现在，她正快乐美丽地老去。阿莉斯对于寻找快乐是这样说的：

> 我最大的快乐就是和大家一起训练。我会忘记烦恼，忘记时间的流逝，只有喜悦、美丽与平和。对我来说，最美好的就是每天早上精力充沛地起床，晚上平静地入睡。那种坐在门廊的摇椅上玩纸牌的生活，现在对我来说如同被判了死刑一样。那将是我人生最后阶段想过的日子。我不是在评判别人的生活方式，只是在说自己现在不需要那样的生活。
>
> 我认为，理想的变老方式是成为一位祖母。我这里说的祖母是指为世界、人类、儿童和地球服务的老人。

过一种爱着每个人的生活，不断分享爱与关怀。人们说这是一种回馈，但我把它看作是一种连接，与宝贵的时间、生命、地球、人类越来越多的连接，以及和我的人生目标、灵魂的连接。我想要完成自己来到这个世界的原因和目的，不仅仅因为我老了，也不仅仅因为我的头发越来越白。我是真心想要为每一个人、每一件事好好地生活，过一种关心我的身体、情绪、思想的生活，同时尽可能与更多人分享这些方法。

觉醒的喜悦

当我们在生活中意识到自然和生命的原理时，会感受到一种深深的喜悦。大自然和生命的本质曾经是一个未解之谜，特别是步入老年时我们开始一点点理解，对人生的领悟就像拼图一样逐渐完整起来。每时每刻，觉悟来自于天空中的月亮和星星，来自于从萌芽到落叶的四季，来自于路边盛开的野花，来自于孩子明亮和纯真的微笑以及朋友布满皱纹的脸庞。这就是觉醒的喜悦。当我们年老品尝到这些快乐时，就成为开明的长者。

孔子说："十五而志于学，三十而立，四十不惑，五十而知天命，六十而耳顺，七十而从心所欲，不逾矩。"

正如锋利的石头不断被磨砺成光滑的沙砾一样，六十多年曲折的人生经历赋予你一个对人类、生命和世界全面包容的视角。这就是为什么我认为生命中拥有老年时光是巨大恩惠。老年是觉醒的最佳时期。这是一个通过回顾过去弥补我们缺点的机会，同时也给予了我们用所获智慧寻求结局的机会。我为那些在 60 岁之前就去世的人感到悲伤，从某种意义上说，他们还没有体验到生命中的精神黄金期就离开了，而这却是我们所能感受到的精神最富足的时期。

老年是我们能够看清所有事物规律的时候。也许这是时间带来的智慧，不是基于事实或信息来理解的，而是通过长期经验自然有所领悟。那些眼界开阔、了解生活本质的人是开明觉悟的长者。正如睿智的长者以领导乡村社区作为生活的中心一样，今天觉悟的长者也可以从生活和自然中获得洞察力和智慧，成为下一代的精神向导。下一代人正在担忧“为什么活着”“为了什么而活”，祖辈们友好周详的建议将会在下一代人的心中回响。

创作的喜悦

哪怕只经历过一次创作的人，也知道创作的喜悦是多么强烈。比如，作家在表达自己内心想法时非常愉悦。当他们把真正想表达的情感用语言表述出来时，会因创作的喜悦而颤抖。在那一刻，似乎快乐和喜悦的荷尔蒙在大脑中大量分泌。在创造的那一刻，大脑的力量复活了，当想到“我表达出来了”，一种骄傲与满足充斥着内心。

当我们确认自我价值时，会感受到满足和幸福。追求音乐、绘画、舞蹈、文学等艺术的人都能体验到创作的快乐。这就是为什么许多人晚年培养了一种创造性的爱好，比如写作、演奏乐器、绘画或摄影——他们可以获得充满创造和表达灵感的喜悦。

我们不仅可以在艺术中品尝创作的喜悦，生活中的每时每刻都是创作的机会。在日常生活中实现一些觉得需要的事情，改善一些感觉不舒服的事情，尝试一些从未尝试过的事情，采取一些新的方法，这些都是创作的行为。

我相信两个永恒的创作法则。

首先，除非行动，否则没有创作。没有行动，就没有创作。想要创作仅仅是开始。除非行动，否则不管有什么好主意或做出什么好选择，创作都不会发生。就好像你眼前有一个铃铛，除非摇响它，不然不会听到美妙的声音。

采取的第一个行动是早起去附近公园，与遇到的每个人分享健康习惯，走在路上如果看到有人貌似身体不适或情绪不安，就给他们一些有用的建议，这样我才会感到心安。看到我做到这种程度，妻子告诉我，她感到十分尴尬，不想被人看到和我走在一起。

我从小就不是一个积极主动的人，而现在看到我的人都不相信我原本很内向、被动、非常害羞。正是通过行动，我才能够战胜自己。在采取任何行动之前，我都会犹豫再三，但当我真的做了一些事情的时候，却意识到这没什么大不了。经历得越多，就变得越发自信。

在1980年早期，当我第一次教授现在被称为体脑瑜伽的课程时，许多方面的环境都不太好。我一开始在街上和公园里教课，当时甚至没有一个像样的培训场地，但我并不是简单地等待被赐予一个良好的环境。我从不挑剔时间和地点，只要有人看起来不高兴或不舒服，就觉得无论如何都应该帮助他们。从这种不起眼的方式开始，我把它发展成大脑教育学科，现在传遍了韩国、美国和全世界。

最初我在一个公园里免费教了五年的身心健康训练，因为我坚信获得的领悟对每个人都有用。我不断激励自己前进，告诉自己，如果不能与他人分享领悟，那就不是真正的领悟。没有行动，就没有创作，我确信我所经历的创作力量适用于每个人。

我相信的第二个永恒创造法则是，创作必须始于你的内心。你必须能够把精力和情绪向光明积极的方向调动，这就是创作的开始。例如，如果你看到自己在挣扎，在焦虑和烦恼时被压得沉重得喘不过气来，那就保持清醒与专注。站起来做一分钟运动，对身体和旧习惯说：“我是你的主人，我创造自己的生活。”当身体和思想发生变化时，大脑就会恢复活力，创造力会迸发生命的火花。

在这种状态下如果环顾四周，会发现自己可以让日常生活充满活力，每天都对家人灿烂微笑，和邻居们分享温馨时刻，和朋友们共度有意义的时光。如果想体验更伟大的创造喜悦，那就去尝试一些新事物，做一些从未做过的事情，开始一个你真正想尝试的爱好，或者开始为社区组织做志愿活动。

与其看着时光流逝步入暮年，不如卷起袖子参加志愿者活动。当你意识到“我可以帮助别人！ 我可以为社会做点儿贡献”时会充满自豪感。没有什么比觉得自己在帮助别人时更能感到满足了，因为在那一刻你可以确定存在的价值。从日常的单调乏味中摆脱出来，让每一天都创造喜悦和快乐，拥有价值。

担心自己不开心吗？去开发新的快乐源泉吧。新的快乐源泉将消除你心灵的饥渴。因为奉献，这些快乐的源泉将成长为一条强大的水流，引领你前往圆满的海洋。

I've Decided
TO LIVE
120
YEARS

THE ANCIENT SECRET TO LONGEVITY, VITALITY AND LIFE TRANSFORMATION

“内心平和的人是有福气的。当我们放下执着，平静就会到来。当我们不知道生命的目的时，就会变得愚笨，执着来自于愚笨。”

Chapter 7

第七章

放下执着，寻求平和

Let Go of Attachments to Find Peace

我们在老年阶段比任何时候都能感受到平和。一旦经历过生活中的所有风暴和情感旋涡，大多数事情都不会再惊吓或压倒我们了。

尽管如此，许多老年人尤其是那些六七十岁相对年轻的老人并没有摆脱自私和贪婪带来的心理障碍。严重时，他们比年轻人更狭隘，以自我为中心，脾气暴躁。看到这样的长者，年轻人不禁皱起眉头："我老了可不能像他们那样！"随着年龄的增长，每个人都想变得更加友善平和，那么怎样才能做到呢?

首先，要有自省和观察自己的能力，这需要打开心灵的眼睛去观察自己的内心世界，必须检查内心是否平和。

- 我现在平和吗?
- 我内心还有困扰吗?
- 如果我不安宁平和，那是为什么?

不平和意味着心灵不自由。心灵不自由的原因是因为它执着于某些事物，就好像如果手里拿着东西，就不能自由地使用双手。

是什么让我们沉沦？

如果不能平静下来，那一定是有原因的。执着于某事，内心必然陷入困境。你必须能够诚实准确地看到自己所执着的东西。如果把我们的心灵比作容器，放在容器里的东西就是我们的执着。因为那些执着，心灵感到沉重和困扰。

人们通常执着于三类事物。

首先是对财富和物质的执着。晚年拥有大量财富和物质是好事，但只要能保证生活不贫穷就好了。你不再需要像年轻时那样为父母或孩子提供经济支持，当生活方式简化，生活成本通常会降低。医疗支出确实可能会增加，但可以通过持续管理健康和身体状况来缓解这一点。有些老年人需要在相当长的一段时间内继续赚钱，但这可以帮助他们过上更年轻有活力的生活。

但是对物质过度依赖就成问题了。贪图发财或者想在晚年享受财富和奢侈生活的贪婪欲望是一剂破坏心灵平静的毒药，过一种没有特别不适的生活就足够了。与其认为应该通过新投资来赚大钱，不如削减开支节俭地生活。此外，作为一种无上的美德，可以与周围人分享一些拥有的东西，用丰富的物质来体验非物质喜悦。

其次是对权力或名誉的执着。人们希望自己能闻名于世，就像谚语所说："人过留名，雁过留声。"我们需要得到认可，希望许多人承认我们的存在和价值，这就是为什么年轻的时候我们总是为了成功而工作。老了以后，我们对权力和名誉的执着会通过各种各样不良的行为持续下去。

这种执着可能通过吹嘘年轻时的所作所为表现出来："想当年，我曾经……"当然，享受回忆年轻时光完全可以，那时你正处于青春年华。但不断提及"过去好时光"意味着你对现在的自己不满意——作为一个长者，像现在这样还不够好。不断地回想和谈论过去，留恋那些时光，会导致自己不能专注于此时此刻应该做的事情。

有些人随着年龄的增长依然执着于权力和名誉。如果你想让世界变得更美好，自然会想通过行动而出名，甚至赢得声望，因为良好的声誉可以帮助你对世界产生更大的影响。然而，如果首先考虑的是权力和名誉，非但不能从心所愿，反而会因言行不一致而名誉扫地。难道我们没有目睹过许多政治领袖和商人因为不光彩之事而蒙羞吗？当人们想要获得威信的欲望超过了为他人服务的欲望时，就会有这样的行为。

为了解决对权力和名誉的痴迷，必须知道如何准确地观察自己的需要。学会认识自己，而不是停留在别人对你的认识中。心灵对自己的认可要比其他任何赏识都大。伴随着内心的自豪感，最伟大的赞美是来自内心的声音："是的，你做得很棒！"

再次是对依附于他人的执着。从某种角度来说，这是最棘手的执着。物质和权力不是生物体，这些执着可以通过改变内心来放下，然而，与那些无生命物体不同，我们在人际关系中遇到的人有思想有情感，我们的情绪就像橄榄球，你永远不知道它会在哪里反弹。你可能很好地控制了自己的情绪，却发现当受到另一个人的情绪攻击时，你的镇定就会崩溃。当这种情况发生时，我们便互相伤害，开始厌恶和憎恨对方。

对他人的执着表现为两种形式：爱与恨。就像硬币的两面，这两种形式的情感总是在人际关系中反复出现。事实上，它们有同一个根源：执着。

有些人可能认为，因为爱是一种美好的情感，所以不能被称为执着。但是，如果爱阻碍了心灵的自由，那就是执着。在生活中，我们会发现不管曾经多么相爱，都会以分离而告终。哪怕是一辈子一起生活的人，当其中一个离开这个世界的时候，也必须经历不可避免的死亡分离。当你爱的人离开了，或者你离开了所爱的人，心理上会有多么难受？

那么，怎样才能爱得不执着呢？为了做到这一点，我们需要维护心灵的自由。当超越浪漫爱情的情感升华为平和即更高层次的情感时，就可以获得心灵的自由。当你以心灵的自由与安宁为中心时，就可以冷静地接受痛苦的分离，这样就可以对他人有更高层次的爱，不以依恋为中心，而是以彼此心灵的成长、自由与平和为中心。然而这并不容易。既然爱是两个人之间的交流，那么只有其中一人有这种意识是不够的，双方都必须想成为互相帮助的伴侣，促进彼此心灵的成长。

人们通常希望以爱的名义拥有、控制和限制他人，这会给自己和其他人带来不幸。爱的情感会产生依恋，当依恋和贪婪不能满足时，就会突然转变为恨。如果继续活下去而不放弃仇恨，将永远无法得到快乐。

仇恨发生在普遍人际关系中，不仅仅是爱人之间。我们讨厌任何带来伤害的人，无论是经济上、身体上，还是精神上，所以我们在生活中对别人不能包容，受害者意识将自己定义为受害者，认为他人是施害者。如果整个人生都充满了受害者意识并且内心装满仇恨，那就会给你和另一个人带来巨大的痛苦。相反，当给某人造成巨大伤害，你最终会感到内疚。内疚是最黑暗最自我毁灭的意识形态，它阻挡了心灵的成长。

当晚年反思我们的生活时，依恋、贪婪、受害者意识和内疚的情感可能会浮现在脑海中。当意识到这些感到遗憾时，一切都太晚了，这些意识形态使我们的生活变得困难和复杂。如果从未意识到可以做些不同的事情，我们可能会把这种遗憾一直带到生命的最后时刻。

我们必须为自己做选择。我们是生活在这种持续遗憾的情绪困扰之中，还是释放它们获得自由？这取决于我们是想忽略还是解决问题。如果想要一种没有遗憾的生活，想要真正的自由和心灵的宁静，那么选择后者，积极探索解决之道。

如何解决这种负面消极的意识呢？从净化内在自我开始，让自己摆脱困境。

一起来看看受害者意识的例子。受害者意识是最强烈的情绪之一。人们通常至少有一两个受害者意识来源，人们认为自己受到了某个人的伤害，通常这个人是亲近的人，如家人、爱人、朋友或同事，在亲密关系中受到的心灵创伤往往最为严重。

为了解决受害者意识，首先要脱离受害者的想法。只要沉浸在这种想法中，就无法清除潜意识中各种负面情绪和信息。当你认为自己是受害者时，潜意识里就会出现一个施害者。你越琢磨那个伤害你的人，你的仇恨就越大。你可能会对自己说“我永远不能原谅伤害我的人，我诅咒他”，或者“我应该让他付出代价，因为他伤害了我”。

一旦在潜意识里创造了一个施害者，施害者的人数就会增加。当你因为一次伤害而对某人产生不信任时，你会怀疑其他人并进行防范。受害者意识不断地制造施害者并产生负能量。这种负能量会侵蚀正能量，最终削弱身体的自然疗愈能力。当负能量不断膨胀时，快乐、幸福、自由和心灵的平和不可能存在，剩下的只有痛苦。这是让自己陷入不快乐的可怕方式。

逃离受害者意识的方法是迅速将你的自我意识从受害者转变为施害者。试着改变想法，让自己意识到你不是唯一受伤害的人，事实上你可能也伤害了另一个人。例如，当一对夫妻吵架时，通常不是一方的过错，仔细观察会发现双方都有或大或小的问题。当只从自己的角度看问题时，很容易认为只有自己受到了伤害。但是如果你改变了想法，看到自己也是一名施害者，就可以先接近对方，说：“对不起，请原谅我。”

有时你可能真的受到了单方面的伤害。这种情况下能做什么？即使是这样，也要改变意识，把自己看成施害者。这里的施害者并不意味着对他人造成伤害，而是对自己负责，事后能够告诉自己，“我是我自己的施害者，我就是那个把我的生命变成这样的人”。

为什么要这么做？如果你是施害者，那么改变自己就足以改变现状；如果你认为自己是受害者，那么除非施害者改变，否则你所能改变的极其有限。对施害者的怨恨和憎恨将永远存在于你的意识和潜意识中。

要意识到不是别人而是你造就了你自己，造就了你现在的处境。抛弃这样的想法——我这样是因为你，都是你的错。你可以这么想：“我已经选择并创造了一切。我不会怨恨任何人，完全都是我的责任。”无条件地做到这一点，不要找任何借口，即使任何一个关注你处境的人都知道你受到了伤害。一旦有了这种意识，你就可以重新开始；一旦有了这种改变，真正的责任感就开始复苏。你转向积极的心态，告诉自己："我是自己生命的主人。我不再憎恨他人，不在受害者意识中打滚。而且，我将开创我的人生。"当你成为人生的主人时，你的怨恨会变成宽容、忍耐和感恩。

要想拥有平和，必须从执着中摆脱出来。晚年是观察无法清理的情绪并一个接一个地放下执着的绝佳时机。就像把沙袋扔掉后热气球升上天空一样，当我们放下执着，心灵可以变得更轻松更自由。

让内心自由地冥想

下面我介绍一种放下执着的冥想方法，成就一个自由的心灵。

一只手放在胸前，掌心向上。手掌窝成杯子的形状，仿佛要接住落下的水。闭上眼睛，把手想象成心灵的杯子。一旦心灵的杯子里什么都没有了，心灵的重量就是零。然而一生中，你往那个杯子里放入各种东西成为你的执着，渐渐压垮了你的内心。

现在，你的心灵之杯里面装的是什么？有什么执着吗？是对财富和物质的执着吗？是对权力和名誉的执着吗？是对你爱的人的执着吗？是对困扰你的人的仇恨吗？是什么阻止、压迫、摧垮你心灵的自由？是不同的负面情绪和意识形态吗？是贪婪、自私、受害者意识、自卑、傲慢、失败、内疚吗？

你希望内心自由吗？如果你这样做了，那么就让这些事情过去吧，因为它们并不是你真正的本质。你的内心才是你的本质，其他一切就像一块岩石，紧紧抓住了你。为了摆脱束缚，你必须扔掉那块石头，这需要勇气。只有你能做出选择，没有人可以强迫你，也没有人可以为你选择。

现在从一数到三，然后慢慢地转动你的手，手掌朝下，把心灵之杯里的东西倒出来。

一，二，三！

彻底放下一切负担和困扰，感受渴望的自由，并且只感受这种渴望，就像鸟儿一样在天堂里自由翱翔。

现在把手臂伸展到身体两侧，像鸟的翅膀一样上下拍打。给自己完全的自由，慢慢飞向广阔的天空。打开胸腔，尽情呼吸，面带微笑，完全享受自由。

慢慢停止移动，双手放在膝盖上，保持冥想姿势。你现在心里有什么感觉？你感到自由平和吗？

内心平和的人是有福气的。当我们放下执着，平静就会到来。当我们不知道生命的目的时，就会变得愚笨，执着来自于愚笨。当我们不知道自己为什么活着，为什么来到地球，以及我们

为了内心的自由而冥想

1. 把一只手放在胸前，手掌向上呈杯状。
2. 闭上眼睛， 想象你的手掌是那自由纯洁的心灵之杯。
3. 观察那些放在杯中沉重压抑你的执着。
4. 把手翻过来，倒出杯中的执着。
5. 伸出双臂，像鸟的翅膀一样上下拍打，面带微笑，让心灵自由飞舞。
6. 双手放在膝盖上保持冥想打坐的姿势，感受内心。你是否感觉到自由与平和?
7. 双手放在胸前，一只手放在另一只手上面，期待成长和圆满，感受降临在身上的光明与平和，并为之感恩。

应该为什么而活时，就会执着于金钱、名誉以及与他人的关系。

我们来到地球是为了成长和圆满。在这个过程中，我们一直在哭泣、欢笑、爱、恨，以及在觉悟生命的训练馆里锻炼自己。

我们这一生是为了体验，所经历的一切，或好或坏，或苦或甜，都有意义，也教会了我们很多。当意识到这一点时，感恩与平和就开始在心中萌芽成长。

双方放在胸前，一只手压着另一只手，只渴望心灵的成长与圆满。巨大的光明来到你身边，引领你的伟大的智慧之光将会照耀你。把一切托付给这束光。纵使黑暗，你的思想深处将变得更加明亮清晰，沉重的胸膛会变得轻盈而祥和。

你会感觉到“一切皆因我的执着”，这些执着阻塞了我的心，令我烦恼！ 如果你已经看到永恒的光明，找到心灵之路，那就感恩照亮你的智慧之光吧。记住，智慧之光总是照耀在你身上，让你保持内心平和。

I've Decided TO LIVE 120 YEARS

THE ANCIENT SECRET TO LONGEVITY, VITALITY AND LIFE TRANSFORMATION

“没有觉悟的孤独黑暗得令人难以忍受。然而，灿烂的独处却闪耀着光芒，明亮地照耀着我们周围的人。”

Chapter 8
第八章

不怕孤独，享受独处

Don't Fear Solitude–Enjoy It

除了经济问题和疾病，晚年遇到的最大困难之一就是孤独寂寞。曾经忙着抚养孩子的夫妇发现，当孩子们纷纷离开成立自己的家庭时，他们只能独守空巢。当一个老人因死亡或离婚与配偶分离时，他或她的余生似乎必然在孤独中度过。根据2010年美国人口普查，65岁以上的人口中有28%即1000万人独居生活。

老年人的独处不仅会导致孤独寂寞，还对身体和心理健康有负面影响，增加了得慢性病、高血压、抑郁症、认知能力下降和痴呆等病症的概率。相反，那些与家人和朋友有联系且拥有良好人际关系的人不仅在生理和心理上更健康，他们的预期寿命也更长。与身边的人交流也可以减少压力的影响。心理学家苏珊·平克（Susan Pinker）认为，“用短信或电子邮件交流是不够的。面对面的接触会释放出一系列的神经递质，就像疫苗一样，在现在和将来都能保护你”。

人类是社会群体动物。如果要提升幸福感，体验生命的真谛，我们就必须和其他人生活在一起。但本章所谈论的孤独与我们因缺乏良好人际关系时所经历的孤独有点儿不同。晚年存在最基本的孤独，即使所爱之人近在咫尺，这种孤独与我们年轻时所经历的寂寞有着不同的深度。当目睹朋友们一个接一个地走向另一个世界，我们突然意识到生命存在于生死之间。死亡似乎曾经遥不可及，现在却逐渐成为必须直面的现实。我们渐渐深刻地认识到，我们终将不得不独自走上死亡的道路，这是一条必走的孤独之路，是一次无人陪伴的旅行，而这种感觉会逐渐变得越来越深刻。当人类不可避免地面对孤独涌来而无法摆脱时，应该如何应对呢？

学会享受独处

我想对你说：不要害怕孤独，接受它。享受独处。

每个人都是独自来到这个世界，独自离开，所以人生而孤独。无论年轻或年长，贫穷或富有，有名或无名，总裁或街道清洁工，每个人都经历过孤独突然触及内心深处的时刻。

有些人寻求他人的陪伴来缓解这种孤独寂寞，而有些人则沉迷于酒精、毒品、性或各种形式的娱乐。有些人因为无法忍受孤独而陷入沮丧或绝望，而另一些人则直面孤独的实质，通过深刻反思人类生命的本质，体验意识的觉醒。他们选择生活在精神成熟的新水平上，从体验中获得内在愉悦。我不相信这样的生活只局限于那些追求精神的人，人类天生就具有灵性。重要的是，我们如何升华存在于生命本质的孤独感。

生命是一段漫长的旅程，旨在超越孤独，找到永恒不变的自由和真理。这是人类对觉悟的渴望，通过觉悟，孤独不再黑暗压抑，而是灿烂无比。没有觉悟的孤独黑暗得令人难以忍受，然而灿烂的独处却闪耀着光芒，明亮地照耀着我们周围的人。天空中的月亮是孤独的，但它却在黑暗中光芒四射。同样，那些勇敢面对独处洞悉生活真谛的人，也会散发出灿烂光芒。

晚年是获得这种洞察力的绝佳时机。当我们用肉眼看世界和现实中的人们时，每个人都可以成为开明的长者，心灵之眼总是向大自然和宇宙敞开。不要回避晚年的独处，要持续学习如何与独处为伴，如何享受独处。正如孔子所说，他在 50 岁时理解了上天的旨命，所以我们也应该在晚年知天命，成为觉悟的长者，昂首向天，拥抱人类和世界，一路向前走向圆满。

灿烂的独处有芬芳

30 岁时我设定了自己的目标，开始在一个小公园里与人分享。当心中有了目标和愿景，注定会逆流而上，而不是随波逐流。在开辟一条没有人走过的道路时，难免遇到逆境、障碍和误解，时而孤独，时而害怕，时而悲伤，无数次我感觉自己孤零零地站在贫瘠的大地上。每到那样的时刻，我总是仰望夜空，觉得可以向星星敞开心扉。夜空中无数的星星，每一颗都如我一样孤独，可即便如此，群星依然闪耀着光芒。

那是一种灿烂的独处，完全回归我的存在本源。那是一个觉悟和创造的时刻，我在独处中遇到了真正的自己。唯一能照亮我的星星就是我的信念和愿景。我绝不能放弃愿景，如果放弃，黑暗就会永远包围我，所以我做出以下承诺：

> 现在我已经找到了梦想，走自己的路，那么由于得不到别人的理解而悲伤就算不了什么。放弃梦想对我意味着死亡，即使世界上没有人能理解，我也要走这条路。哪怕每个人都放弃了这个梦想，我也仍然坚持。

在独处中，我的信念会变得越来越强大。

追求圆满就能感受到一种美妙的独处，你会享受这种孤独而活在其中。这种独处无法与他人分享，独自一人与万物合一，那是一种充实。当你仰望夜空的繁星，当你在树林小径静静地漫步，当你注视夕阳，当你沉思默想，虽然独自一人，却与万物相连。这是体验美妙独处的时刻。在这种时刻，你意识到内在的本质孤独永远不会被他人或任何外在东西所填补，这种寂寞的空虚只会被宇宙的强大生命力所填满。

那些有坚定信念、生活愿景的人，他们的孤独就像我们后背的脊梁一样。试着完全挺直后背，脊柱连接天地，只有当脊柱完全居中，整个身体才会感觉舒服。如果脊椎向左肩、右臀或前或后侧弯，身体都会感觉不适。当脊椎正确对齐时，身体的每个部位包括内脏会更舒服。那些在美妙独处中追求圆满的人必须想着要挺直脊梁。他们必须昂首挺胸脚踏实地地生活，怀着灿烂独处的内心充实地生活，与他人分享纯净的爱和心灵的能量。

不要害怕孤独寂寞。伟大的智慧和爱均来自于独处和孤独寂寞。人类的道路本质上是孤独的，但当孤独达到了极致并被超越时，它就变成了巨大的喜乐和安宁，此时你才懂得慈悲。当超越了人类的情感时，就能感受到极大的慈悲。人类的情感很容易产生依恋。当你向一边倾斜、依靠或陷入某物时，就无法感受到整体；当你完全孤独寂寞时，就能感觉到整个世界。当孤独感深入内心，一束亮光从黑暗中迸发，然后巨大的孤独变成了灿烂的光芒。

如果内心真正接受灿烂的独处一路前行，就会成为我所说的真正充满芬芳的人，一个极具魅力的人，就像一朵因美丽必受赞美的花朵。你坚定地站在中央，不依附于他人，也不逃避或推开他人。你能找到内心的和谐，那是一种包容普世的爱与安宁。当以这种觉醒看待世界时，就会产生与世界和谐相处的智慧和力量。

I've Decided TO LIVE 120 YEARS

THE ANCIENT SECRET TO LONGEVITY, VITALITY AND LIFE TRANSFORMATION

“晚年保持活力的秘密就是保持年轻、健康的大脑，就是用希望和梦想激励大脑。如果放弃希望，担忧和希望将取而代之。”

Chapter 9
第九章

给予大脑希望和梦想

Give Your Brain Hopes and Dreams

老年人聚在一起时，经常开玩笑地聊起那些他们自己觉得自己老了的时刻：从客厅走进卧室但不记得是为什么，翻遍整个房间去找正戴着的眼镜，不记得熟人名字时觉得多么尴尬，或者把车停在车库里却忘了关引擎。这样的事常让人担心："我太健忘，会得老年痴呆症吗？"

是否每个人衰老都会经历浑身疼痛、记忆力衰退的生理现象？脑科学家的答案是"不"。事实上，我们所接受的自然衰老主要是不良习惯和缺乏健康保健导致的结果，而不单是因为老化。例如，不会因为你到了六七十岁就得痴呆症，痴呆症是不良的饮食生活习惯、缺乏锻炼、脑损伤等导致的疾病症状，这些都是几十年来累积而成。家族病史可能会导致某些类型的痴呆，但在很大程度上，我们可以像保护身体其他部分一样保护大脑的健康。

有的人 20 多岁就体弱多病，有的人 80 多岁依然精神矍铄。有的人晚年时仍然以年轻好奇的眼光看世界，对周围一切都保持兴趣，但许多人甚至在年轻时就把新事物拒之门外。科学研究表明，身体和大脑健康不会随着年龄的增长而自然恶化。相反，衰老的速度因人而异，这取决于我们如何照顾自己。

就在几十年前，脑科学家认为我们的大脑结构在 20 多岁就发育完成，之后几乎完全不会改变。普遍接受的理论是，神经元在我们出生后不断死亡，数量减少，不再有新细胞生成。然而，现在我们知道，从出生到死亡，我们的大脑就一直在变化。晚年不仅会生成新的神经元，而且在神经元之间会建立新连接，大脑功能也能得到改善。

当然，随着年龄的增长，大脑确实会出现某些老化现象，就像我们体内发生的变化一样。犹如我们如果不使用肌肉，肌肉会变得越来越弱，不使用的那部分大脑会变得不那么有效。除非我们训练大脑的认知功能，否则记忆力、注意力和反应力都会下降，但如果我们好好照顾训练大脑的认知感官功能，就可以保持头脑年轻健康。大脑具有不可思议的弹性和恢复力，这对我们所有人来说都是一个巨大的希望，因为无论多大年纪，我们都能学习和体验新事物，改变思想和习惯。我们很容易认为人不会改变太多，尤其晚年更难改变，但事实上人是可以改变的，由于大脑惊人的可塑性，不管多大年龄，大脑每时每刻都在变化，重要的是通过训练大脑来引导变化的方向。

20 多年前，我总结了开发和利用大脑潜能的原理和方法，建立一个自我发展系统，称之为大脑教育。当我第一次将其告诉大家时，公众对大脑的认知和现在完全不同。当时除了医生和研究人员，很少有人在日常沟通中谈论大脑。当我告诉人们应该自己照顾大脑的健康而不是完全依赖于专家时，有些人听了很害怕，就好像我误碰了一个不该乱动的危险品。

现在，我们可以自行管理大脑健康的想法就像自行管理身体健康一样普遍。这种变化非常幸运，因为不动脑筋我们做不了任何事情。除了一般上认为大脑具有思维和记忆力外，维持生命的基本生理功能如血压、心率、体温和荷尔蒙，皆由大脑控制。管理大脑就是管理生命。当你的大脑得到改善，生命中的一切都会有所改善。

幸运的是，任何人都能了解这套管理大脑的必备技能，越早掌握这些技能越好，然后就可以在余生不断做改进和完善。晚年也不例外，除非管理得当，否则这个时期大脑很容易生锈，因此现在要比以往更积极地去管理大脑。

给大脑补充希望

晚年生活的基本需求与其他年龄一样，任何有益于人体健康的东西都有益于大脑健康。因此，如果想让大脑健康，要养成有助于身心健康的良好生活习惯——睡眠充足，锻炼规律，饮食均衡，适当参与社交活动。

然而有一个东西是人类身体、思想和精神的必备营养品，它凌驾于其他事物之上，那就是希望。没有希望连活着的动力都没有，希望越多，动力和热情越多。希望是对我们最有力的补给，然而谢天谢地，只要改变想法和态度，我们随时都可以给自己带来希望。无论 8 岁还是 80 岁，希望和梦想都是激活大脑的最佳方式。

加拿大沃太华卡尔顿大学（Carleton University）的帕里克·希尔（Patrick Hill）领导了一项研究，对 6000 名参与者进行长达 14 年的跟踪调查。研究发现，有人生目标的人的死亡风险比没有目标的人低 15%。找到人生目标能够活得更长，而且越早找到人生方向，积极影响越显而易见。希尔说，根据对各类人群的随访跟踪研究结果，在生命周期中，更大的人生目标始终预示着更低的死亡风险，这对青年、中年和老年参与者都表现出同样的益处。他补充说："有很多理由相信，相比年轻人来说，拥有生活目标可能更有助于保护老年人。"这项研究的结果发表在 2014 年的《心理科学》（*Psychological Science*）杂志上。

另有显示，有生活目标的人患痴呆症的概率也较低，这是 2012 年由帕特里夏·博伊尔（Patricia Boyle）博士在《普通精神病学档案》（*Archires of General Pychiatry*）上发表的研究结果。

有了这些研究成果，我对这一理论更加自信，细想一下，道理显而易见。有目标、有希望、有梦想的人，自然对自己的生活更加积极并主动地去自我照顾——多锻炼，吃得更好，管控压力。这些对生活的态度会产生日积月累的影响，自然有助于长期的大脑健康和长寿。

你可以说我开发“大脑教育”的目的是给予希望。在这个训练系统中，有 5 个关键步骤，即大脑敏感化，大脑多功能化，大脑清醒化，大脑整合化和大脑自主化，每一步有几十种训练方法。前三步是放松身心的过程，反思并释放对积极创造自己的命运有负面作用的情绪、思维模式和信念。接下来的两步是发现你是谁、你想要什么，以及在此基础上重新规划生活的过程。所有的步骤都很简单，而所有的步骤都在推动你完全恢复对自己和世界充满希望。

虽然人类的需求在一生中不同时期可能会有所变化，但我认为，无论年龄大小，对希望的需求总是占主导地位。通过大脑教育，我们非常成功地向一些因社会经济条件不好而对未来毫无希望的孩子们伸出援手，研究也证实了其给孩子们所带来的益处。

一个经典的案例是萨尔瓦多大脑教育项目，该项目于 2011 年由国际脑教育协会（International Brain Education Association，简称 IBREA）基金会启动。该协会是我在 2008 年创建的一个非政府组织，在联合国经济及社会理事会具有咨商地位。IBREA 基金会进行了为期3个月的日常大脑教育课程的试点项目，在萨尔瓦多最暴力地区之一的一所学校里，项目结束后，学生在考试焦虑、创伤症状、自我调节和同伴关系等方面表现出显著的改善。之后该项目被成功扩展到四所学校，然后推广至全国范围，对学生和整个学校的文化都有了更积极的影响。孩子们恢复了笑声，开始感受希望。

格洛丽亚·缪勒（Gloria Mueller）是萨尔瓦多首都圣萨尔瓦多一所学校的校长，她的学校也是大脑教育项目推行的学校之一。几年前我遇到她时，她和我分享的故事非常令人震撼：

> 我们学校位于城市中最暴力的地区之一。学生们沉沦于毒品，一个年级中有超过一半的学生参与了帮派活动。老师因学生们吸毒成瘾而心灰意冷，心生畏惧，他们尽量不去冒犯学生。
>
> 在把大脑教育纳入我们的课程之后，情况开始有所变化。第一个变化是学生学习成绩显著提高，暴力和毒品使用也明显减少，但最让我印象深刻的是他们自我规范和同学关系的积极变化。
>
> 17岁的可卡因吸食者何塞（匿名）被赶出家门。他来学校只是为了吸毒。在接受大脑教育试点项目后，他能够克服吸毒的习惯，现在正准备升入高年级。

老师们目睹了那些曾对未来不抱任何希望的孩子们如何开始谈论目标和梦想。现在我能看到老师们的教学动力大大提高了。

经过一系列成功案例，萨尔瓦多 10% 的公立学校目前正通过 IBREA 基金会在全国推行大脑教育。萨尔瓦多教育部全力支持大脑教育项目，并看到该项目如何在学校创造可持续的结果。除了萨尔瓦多，大脑教育为美国、韩国、日本、非洲和欧洲的学生和社区也带来了希望。接受大脑教育的年轻学生，特别是那些生活在相对贫穷和具有挑战性环境中的学生，让我了解到选择希望的力量多么重要。当他们体验了对自己的爱和尊重之后，开始满怀信心地展望未来，不再绝望。

我相信今天的老年人和这些孩子们并没有什么区别。许多老年人觉得自己被抛弃，仿佛整个社会对他们来说毫无价值。我们现在越来越长寿，许多人在这种情况下活了几十年。这是人类真正的悲剧，正如太多的孩子在毫无希望的情况下开始人生，太多老年人则毫无希望地结束了人生。看到大脑教育实践者们在生命的后半段重燃希望，享受充满活力的生活，这真是一件令人高兴的事。

希望是完美的力量源泉。为什么这么说呢？如果拥有希望，你可以创造新东西，即使一无所有，也可以在任何绝望中克服困难。选择希望不需要先决条件，不一定要年轻、有很多钱，或者有什么特殊才能。希望是去寻找的东西。你为自己发现希望，如果找不到，那就去创造希望。

当选择希望时，大脑会分泌大量的积极荷尔蒙，用新期待打动我们的内心，用喜悦和激情温暖内心。没有希望的大脑就像一个燃料耗尽的加油站。如果放弃希望，担忧和恐惧将取而代之。没有希望，不管吃多少美味，多么努力地锻炼，解决了多少填字游戏，大脑功能都会变弱。大脑因梦想而生，只在梦想范围内活跃。晚年保持活力的秘密就是保持年轻、健康的大脑，就是用希望和梦想激励大脑。

请用塞缪尔·厄尔曼（Samuel Ullman）下面这首美妙的散文诗来提醒你的大脑，这首诗因美国的道格拉斯·麦克阿瑟将军（General Douglas MacArthur）而广为传颂。

没有人只因为多活了几年就变老，
人们因放弃理想而变老，
岁月悠悠，衰微只及肌肤，
热忱抛却，颓废必致灵魂，
忧虑、怀疑、自卑、恐惧和绝望，
这样的漫长岁月，
让我们不断地低下头，

日益增长的精神化为尘土。

你可能会想，“我现在已经退休了，生命中的重要工作已经结束。我再也没有什么可期待的了，也没有希望了”。这样想的时候，大脑就会切换到低能量模式，即使像以前一样一天吃三顿饭，能量也会下降。身体软弱无力，像一块湿漉漉的棉花，你发现自己没有太多的雄心去结识新朋友或尝试新活动，让人感到喜悦和幸福的血清素和多巴胺的分泌因此而减少。

当失去希望的时候，大脑会选择接受现状而不是迎接新挑战。即使机会降临，你也会背离他们，你会说，“在我这个年纪？你一定是在开玩笑”。当你放弃创造一个比今天更美好的明天的想法时，大脑就会老化，变得无助。它开始向你全身和周围的世界发出无助的能量。

“我现在已经退休了，就想照顾好孙子们，或者干点儿别的什么。”习惯说这种话的朋友们会衰老得很快。他们生活得太单调了，连说话都很无聊，没什么新鲜内容。相反，退休后拥有希望和梦想的朋友会找到他们想做的事情，一边积极生活，一边积极从事有激情的活动。遇到那些朋友时，你们交流愉悦，可以给予对方积极的刺激和灵感。

如果自认为老了，你就会变老

你给予大脑的信息很重要。如果持续梦想，积极规划余生，大脑将充满希望和新期待。它将帮助你保持身心健康，充分调动肌肉、骨骼、器官、神经系统和荷尔蒙激素。

许多研究表明，积极或消极地看待衰老实际上会影响晚年生活质量和寿命。伦敦大学教授安德鲁·斯特普托（Andrew Steptoe）领导的一项研究表明，与自认为比实际年龄大的人相比，那些自认为比实际年龄更年轻的人多活了大约 50% 的时间。

更令人惊讶的是，一些研究表明，当我们认为“我老了”，大脑功能会下降。北卡罗莱纳州立大学的托马斯·赫斯博士（Dr. Thomas Hess）对 60 到 82 岁的人进行了记忆力测试，并比较了对自己的年龄与记忆力想法消极态度的人和有积极人生观的人。那些对自己的年龄持消极态度的人得分更低。换句话说，消极的想法会让记忆力变得更糟，比如，“我的记忆力很差，因为我老了”，或者“我的记忆力将会变差，因为我是一个老人，人们因此而轻视我”。

根据 2016 年一份对爱尔兰 4135 名老年人进行为期两年的研究报告显示，那些对衰老持消极态度的人比持积极态度的人走路更慢，认知能力也不如那些乐观的人。有趣的是，即使药物或其他影响情绪和健康的因素被考虑在内，也会看到同样的结果。该研究的首席研究员戴迪·罗伯森（Deidre Robertson）博士说："我们对衰老的思考、表达和书写方式直接影响我们的健康。每个人都会变老，但如果我们在一生中对衰老持消极态度，它会对我们的心理、身体和认知健康产生可测量的有害影响。"

你可能已经听说过安慰剂和反安慰剂效应。安慰剂效应是一种现象，即使是一种没有疗效的假药，如果使用者认为其有效，它就会产生真正的效果。相反，反安慰剂效应是指一种实际上有效的药物，却被证明对那些不相信其效力的使用者无效。两者展示了思想对我们身心的强大影响。

在晚年给自己传达积极乐观的信息对大脑健康至关重要。当我们喜悦、快乐、认为自己高贵的时候，大脑的运作最活跃，表现最高效。

信息是大脑的食物。就像为了保护身体健康关心吃的东西一样，我们需要关注让我们大脑健康的信息。如果吃错了东西，可能会消化不良或食物中毒，体重增加或减轻，生病甚至死亡。同样，有些信息给我们希望和梦想，有些信息让我们气馁、生气或悲伤。好的信息能造就好的大脑，正如健康的食物造就健康的身体一样。

关于晚年，你给大脑提供了什么样的信息？从别人那里得到了哪些信息？大胆拒绝那些社会公认却不利于你晚年健康、快乐和充实的想法。不管媒体带来多少令人沮丧的信息，你都可以决定自己对变老的态度。下半生我们可以按照自己的意愿过圆满的生活。爱惜这段时光，发自内心地认为它珍贵而有意义，用能带来期待、激情、梦想和希望的信息不断去激发你的大脑。

不要让大脑安于现状

马萨诸塞州波士顿东北大学的心理学教授莉莎·费尔德曼·巴雷特（Lisa Feldman Barrett）最近为《纽约时报》写了一篇研究超级老人的文章，内容非常精彩。超级老人的生理年龄超过 80 岁，但他们在记忆力和注意力等大脑功能上与 25 岁的人没什么区别。

超级老人的大脑哪些区域比普通老年人更活跃呢？研究结果表明，他们最活跃的是处理情绪或情感的区域，而不是那些与认知或思考有关的区域，这与我们通常所认为的相矛盾。那么，我们能做些什么来让大脑的这些区域像年轻时一样活跃呢？“坚持做一些具有挑战的事情，无论是心理上的还是身体上的。”巴雷特教授建议。

大脑这些区域在从事较高水平活动时会让我们感受到消极的情绪，例如疲倦和沮丧，我们在处理困难的数学题或锻炼中把自己逼到身体极限时会有这些感觉。当必须集中精神和注意力时，可能会产生不舒服的身心疲劳，但这可以锻炼精神肌肉，让记忆力更强，精神更专注。

每当看到类似文章我都很高兴，似乎通过自己的经验所形成的信念得到了科学研究的支持。过着舒适、安逸、无忧无虑的生活对大脑健康并不是最佳选择。为了大脑健康，你需要提高它的工作负荷。重要的是，不要让大脑安于现状，做它一直做的事情，不断给它新任务和刺激。

通常人一旦上了年纪，就不怎么刺激大脑。从大脑的角度来看，就好像老板不鼓励它努力工作一样。大脑运作的一个基本原理是，受刺激时功能增强，没有刺激时功能衰退。希望和梦想是我们能给大脑最大的刺激。当生活有目标、方向和计划时，大脑非常活跃。

老年人不能再以年龄为借口，声称大脑已经生锈而无法学习新东西。我们的大脑能够一直学习到生命的最后时刻。然而，不管知道大脑有多灵活或多么善于学习，想顺利学习就得重复练习。我们必须拥有不断体验和学习新事物的意愿，必须战胜在学习过程中所面临的恼人的重复和困难。需要记住，退休后的几十年给我们提供了充足的时间，通过不断重复和训练甚至是体验之前从未做过的事情来实现一些目标。

大脑冥想的正能量

有意识地对自己重复那些对未来有积极影响的想法，通常被称为是积极的肯定，我称之为给大脑积极的信息。

要正确地向大脑传达信息，首先必须清楚自己想要什么，否则无法与大脑有力交流。当你回答本书第四章中的问题时，试着花些时间来检查一下什么对你来说有重要意义。一旦你清楚真正想要的是什么，就在一张纸上写下来。举个例子，这是我最近经常给大脑传递的一个信息：

> 我充满了生命活力，可以活到120岁。我内心充满了无限的爱及创造的能量。我要健康快乐地活到120岁，完成地球村项目。

写下你想给大脑传递的信息，尽量简短、积极，用第一人称写一个“我”的信息。这未必是一个固定的信息，你可以随时更改，它也会随着你的成长自然而然地改变。

即使你向大脑传递了很好的信息，当身体紧张思绪混乱时，大脑也不能很容易地接受它们，这就好像你在一个嘈杂的地方听别人说话一样困难。为了让大脑接受你发出的信息，必须放松安静身心，以下的训练方法可以帮你快速轻松地完成任务。

舒适地坐在椅子或地板上，抬起手，手指放松，轻轻拍打头部。拍打两到三分钟，包括头顶、前额、两侧和后脑勺，以及脖子和头部交会的地方。放松面部肌肉和下巴，微微张开嘴。通过拍打头来刺激头部重要的能量点，可以释放淤堵的能量，带来新的能量循环。一旦淤堵能量被释放，用嘴巴慢慢吐气，把淤堵的能量吐出去，敲打完毕后，用手掌扫几下头和脸。

现在双手握拳，轻轻地交替拍打下腹，用拳头的下半部（靠近小手指一侧）拍打肚脐下方约 5 厘米处的下丹田。通过拍打下丹田即身体的主要能量中心，增强身体能量并使其升温。

当动作产生节奏时，开始轻轻地左右摇头。重点是不要去想任何事情，你只需要摇一摇头，就好像在甩掉所有想法一样。通过嘴巴继续呼气释放沉重淤滞的能量，会感觉到呼吸变得更轻更自然，因为胸部的阻塞打开了，紧张感被释放。这创造了一个精力充沛的状态，头脑清凉，胸部敞开，腹部温暖，在这种状态下，身体和大脑可以发挥最佳功能。持续三到五分钟，然后停下来，闭上眼睛，安静地试着感觉你的呼吸，慢慢吸气，慢慢呼气，大约五次。

我把这个训练方法称为脑波振动。另一种有类似效果的方法是肚脐疗愈，在本书第五章中有介绍。

大脑现在已经准备好了接受信息。安静地闭上眼睛，告诉大脑你写下的信息。例如，如果你想给它一个信息“我充满了无限的爱和创造的能量”，那么想象它已经实现了。想象无限的爱和创造的能量在你体内，去体验它作为一种能量的现象。不断描绘和想象能量充满你的身体。我们身体的能量系统和大脑的运作无比神奇和完美。现在想象一个柠檬——口腔里将充满唾液——你会立刻感受到你的想象。这是能量定律：心灵创造能量。如果你继续想象自己想要的东西，就能吸引这样的能量。

现在大声对自己重复你想对大脑说的一个短语，甚至可以录音并回放这个信息，不管用什么方法，尽可能生动地感受它。用一颗真诚的心认真去做这件事，就能吸引和展现与你一样真诚认真的强大力量。然后，在某个时刻，你会感觉到这个信息深深地打动了你，给你力量和意志。

完成冥想后，向大脑和灵魂表达感激之情。感谢他们已经尽了最大努力来支持你，你会充分利用大脑中的无限创造力和灵魂深处的大爱，直到生命的最后一刻。请全心全意这样做。

大脑引导我们走向圆满

当我们变老经历过人生的起起伏伏，才开始拥有领悟生活真谛和自然法则的智慧。研究表明，晚年会做出更明智的决定，因为我们能更好地控制自己的情绪，也不会那么冲动。大脑的变化使我们减少对多巴胺的依赖——这种激素使我们感觉良好。

进入老年后，我们有时间反思和沉思。随着生命慢慢走向终结，我们开始反思迄今为止的生活，并认真思考将会留下什么。我们也会思考是什么带来真正的快乐和意义，因为我们从经验中学到，物质的成功和占有并不是生活的全部。从这个意义上说，精神敏感性在年老比任何其他时期都更成熟。

静心冥想，凝神呼吸，看着树上新叶发芽迎接春天，和急切想见你的孙子来一个大大的拥抱，与逝去的爱人告别，回想他或她在你生命中留下的痕迹——在这些时刻，你是否感到一种超越时空、与无限和永恒连接的感觉？这是一种不缺少任何东西的感觉，是被无限的感激与平和充满的感觉。

这些精神体验是我们大脑中产生的现象。我们的大脑是具有不可思议的功能和潜力的器官，是世界上最复杂最精密的设备。人类的大脑深深地吸引着我，它让我们质疑我们是谁，让我们能够超越小我，扩大意识成为大我来寻找答案，并让我们有能力发现隐藏在日常生活中每一刻的神圣本质。人类被赋予这样的大脑，使我们在走向圆满时比其他任何时候都成熟。

扪心自问，寻找答案，成为真正的自己，这是人生最伟大的任务，也是我们能给予大脑的最大动力。借此我们能够充分认识到自己的绝对价值，这是晚年所能拥有的最大梦想和希望。大脑已准备好完美地支持我们圆满的旅程。只要保持对目标的意愿和热情并不断前进，谦卑和感恩之心通过体验去学习和成长，任何人都能体验圆满。

I've Decided TO LIVE 120 YEARS

THE ANCIENT SECRET TO LONGEVITY, VITALITY AND LIFE TRANSFORMATION

“当我们走向圆满时，冥想是老年精神生活的一个关键。通过冥想可以保持敏锐的感觉，可以拥有与生命之源能量融为一体的强烈体验。”

Chapter 10

第十章

自我精进不断

Cultivate Yourself Continuously

前半生你会经历多少事情？会经历多少欲望和情感的起伏？历经欲望和情感的沧桑后，无论愉快还是不愉快，你会自然而然地了解生命是怎么回事，却无法回避生命的过程，即使曾经尝试过。这就是为什么我认为老年是觉醒的最佳时期。现在你比以往任何时候都拥有足够的时间，你无须再对家庭和社会承担责任，可以完全专注于自己。你所拥有的生活经验和技能为心灵研究提供了丰富的环境。

生命的三种觉知

在《生活之道：日常觉悟的永恒原则》一书中，我介绍了三种关于生命的觉知。如果你是长者，基于自身经历，到目前为止你肯定至少理解其中两种。

人生本苦。这是第一个觉知。任何一个活到 60 岁的人都会深切感受到生命确实非常辛苦。虽然不知道为什么，可清醒时我们已然来到这个世界，就得继续活下去。每天我们都要喂饱身体，清洗它，穿上衣服，入睡。我们必须四处奔波，满足身体所有需求和欲望。随着年龄的增长，我们逐渐认识到，人生充满起伏，如果没有来到这个世界，就不必忍受这一切。

人生无常。老年人通过直接体验认识到这一点。六七十岁的人去感受“生命是无常的”可能有点儿早，然而步入 80 岁，离死亡越来越近时，人们无法避免地感到活着似乎没有什么目的。为什么？因为迟早要抛弃这一切。我们不能带走在这个世界上所获得的财富，那些美丽的衣服和配饰，甚至我们头上的一根头发。我们必须离去，当死亡接近时，我们可能会觉得生命毫无意义。“我一生都在挣扎，但不能带走任何东西！我必须抛下一切！ 为了什么又为了谁，我做了那么多的抗争？”想到这些，我们可能会发现自己沉浸在对过去生活的遗憾当中。

如果你是经历过这两种觉知的长者，那么你的心智已经达到了相当高的水平。问题在于，尽管许多人都明白生命痛苦而短暂，却无法进入到下一个阶段的觉知。许多人没有任何希望或梦想，任由岁月流逝，只沉浸在对生命无常的无力感中。他们会想，“这个年龄我能做什么？最好是舒适和安静地活着，然后安静地死去”。于是日复一日过着同样的生活，就像钟表的摆锤一样来回摆动。

不过请仔细想想，如果你觉得生命短暂却停留在那个观念里，如果这就是生命尽头，那么还有什么比这更没有意义吗？难道我们来到这个世界，就是为了感受这种徒劳无奈吗？你想让这成为你在这个世界上获得的最后一种体会吗？也许不想。如果生命真的有意义，那么在战胜虚无之感后要有一个觉醒阶段。每个来到这个世界上的人都应该在离开之前获得这样的认知，因为只有这样，生命最终才会有意义。

生命的第三个觉知是什么？当我们说生命是痛苦而徒劳时，这里所说的生命是一个以身体为中心的生命，换句话说就是以自我为中心的生命。如果你已看透掌控是幻想这个显而易见的事实，理解了以身体为中心的生命极限，那就可以感受超越肉体之外的生命的本质。 没错，那就是无形的精神世界，是我们的物质和生命的本质。

自我存在时，精神会被束缚。那种状态下，我们内心不能自由，不能平静，不能成长。在精神升华的过程中，心灵的力量在内心中成长并上升到大脑，就会体验到令人难以置信的喜悦与平和，并伴随着明亮的巨大光芒。这是第三个觉知，“空”的概念，或者韩语“mu”（无）的概念。

“mu”的字面意思是“不存在”，但它是一个超越存在和不存在的概念，一种宇宙统一的状态，在这种状态下，你超越了渺小的自己，你的自我与宇宙合成一体。“空”不是一个物质概念，它象征着宇宙巨大的生命能量。它是生命的无限源泉，是能量的世界，由存在和不存在、有形和无形、物质和精神组成。这就是第三个觉知：身体和自我不是我的本质，宇宙伟大的生命能量才是我的本质，我与万物合为一体。

当一知半解地认为生命痛苦毫无意义时，你想结束自己的生命吗？或者当意识到你的本质是宇宙的无限生命能量，你为和平与圆满而生，为精神升华而生之后，你想结束生命吗？我相信所有老年人都有能力把握第三个认知，并希望他们会这样做。

觉悟只是开始，不是结束。重要的是活出觉醒的人生，拥有精神生活。如果你对什么是精神生活感到好奇，那么想想相反方面，什么是物质生活。物质生活是围绕身体的需要，与此相比，精神生活以精神的成长和圆满为中心。

即使领悟了第三个觉知后，我们还将活很久。在那段时间里你应该做什么？晚年理想的精神生活意味着在实践中去实现觉知。现在真诚地开始以精神成长而非自我需要为中心的生活，这就是你的下半生，60 岁之后为圆满而活的人生。

在此我提出精神生活的三个具体做法。首先是持续地自我精进，其次是分享和给予仁爱，再次是亲近自然。这三个做法相结合非常有益于灵魂圆满。

持续训练身心灵

自我精进的核心在于不断地训练身心灵。体能锻炼，就像前面讲过的一分钟锻炼计划，是训练身心的好方法。只要还有力气动起来，永远不要停止锻炼，要像 105 岁的自行车手罗伯特·马尚德（Robert Marchand）一样，每天锻炼一小时。这是最基本的功夫。

除了体能锻炼之外，我还强烈推荐冥想。

冥想的本质是充分存在于当下。一般来说，我们头脑中充满了积极或消极的复杂念头而无法停留在此时此刻，四处徘徊，追逐各种念头、情感、感官刺激或周围的信息。冥想是让你的心回到此时此刻，观察并认知此刻身心状态。

所有能让你的思绪和情绪平静下来的行为，把你徘徊的心绪带回当下的行为，都可以认为是一种冥想。坐下或散步时可以冥想，也可以一边喝茶一边做冥想。冥想时，头脑中徘徊的各种想法和情绪慢慢平静下来，可以更清楚地看到所面临的情况或者需要完成的任务。平静和清晰的头脑中涌现的智慧和洞察力帮助你做出正确选择，采取正确的行动。虽然冥想有很多种方式，但我最常用的是呼吸冥想。简单易行，效果显著。

在前半生的 60 年中，人们可能没有足够的时间来感受和观察自己，很难专注于当下，因为他们要处理谋生问题以及各种人际关系带来的情绪消耗。但时间已不再是老年人的障碍，他们可能因不知道该怎么花手中的时间而感觉无聊。对于大多数老年人来说，“没有足够的时间来冥想”只是一个借口。

冥想有很多好处。首先，你可以通过冥想来清理信息，控制心思。在人际关系冲突和生活的磨难中，每个人都必然经历不安的状态，不论曾经经历过什么伟大光明的意识觉醒，这是很自然的。冥想是一种镇定和平复情绪起伏的好方法。

譬如，当你生气时，想想自己的呼吸什么样。可能很短，很浅，也很粗糙。当这种情况发生时，试着安静地坐着，控制你的呼吸，不要做其他事情。简单地慢慢吸气，慢慢呼气，再慢慢吸气。控制呼吸一段时间后，你会惊讶地发现，愤怒的能量消退了，心平静下来，不好的情绪消失了，理智也回来了。你什么都没做，只是呼吸就带来这样的变化，可令人惊讶的是它竟然控制了你的心。当更多的氧气通过平静的呼吸供给身体和大脑时，不同的生理现象就会发生——心跳和脑电波恢复稳定，分泌出稳定情绪的荷尔蒙，身体肌肉放松。你甚至还没有意识到就已经完成了呼吸冥想。

许多研究已经证实，冥想可以减轻压力，稳定心态，产生积极正面的情绪。一些研究还表明，当我们冥想时，大脑某些控制着共情和幸福感觉的部分会发生物理变化。哈佛大学医学院（Harvard University Medical School）的心理学家莎蕊·拉扎

（Sarah Lazar）博士领导的一个研究小组发现，不仅西藏僧人是这样的冥想专家，即使是普通人，在冥想时也会经历某些特定的脑部增厚。研究人员让专业人士每天冥想 40 分钟，持续两个月或一年之久。他们发现，在这些人的大脑中，处理共情和幸福感的区域增长了 0.1 到 0.2 毫米。总之，冥想有助于大脑更好地表达我们的心灵潜力。

冥想也能让你充分感受到自己。要过一种精神生活，发掘心灵成长的力量，一定不能错过这种感觉。你必须知道自己是否过着应该拥有的精神生活，以及工作、行为和行动是否对你的心灵成长产生了消极或积极的影响。只有当你放下所有的想法和感受，回到“无我”的状态，归零，才能做出准确的评估。冥想是释放思想、情感和依恋的方法，这样你才能再次感受真实的自己。

人们普遍认为冥想很困难，只能在专家的指导下学习。当然，根据冥想目标，有些可能需要专家指导。但是，我不认为冥想很难实践，或者与日常生活是分开的。正如运动应该融入生活方式一样，冥想也是日常生活的一部分。从这个意义上说，睡眠是最简单最容易的冥想方式。入睡前，缓慢地深呼吸，冥想身体充满生命能量，早晨起床后，你会感到神清气爽；更重要的是，你甚至可以一边走路一边数着脚步，每走四步吸气，然后再走四步呼气，根据呼吸的长度调整步数。很快，丰富的自然生命能量和氧气会充满全身。

呼吸冥想，遇见自己

对熟悉冥想的人来说，保持半莲花坐姿或坐在椅子上挺直后背不会不舒服，但是初学者采用这样的姿势可能会感觉紧张。如果是这样，就采取尽可能让身体放松的方式，坐在沙发上或者背靠椅垫。闭上眼睛，慢慢地吸气呼气。现在把注意力集中在胸部和心脏上，想象一下，把生命的能量注入心灵。

身心得到放松时，呼吸会逐渐加深。忘掉特殊的呼吸方法，按照自己想要的方式呼吸。一段时间后，你会找到呼吸的节奏。吸气时，想象宇宙的生命能量进入身体，唤醒胸部灵魂的能量。你会感觉到心里渐渐充满温暖与平和，这是一种内心纯净的感觉，获得这种纯净并不难，只要让自己自然呼吸就可以。

呼吸是一个充分感受生命、拥有纯粹能量的时刻。当你感到自己陷入思想和情感的泥沼时，感到生命不知何故失去中心和方向时，通过呼吸来平衡自己。精神生活的目标是培养心灵的力量。

你会有一种融入的感觉，与宇宙的生命成为一体。当收到来自生命之源难以置信的爱和祝福时，将体会到对生命法则的清晰洞察力，心中充满喜悦和感激。

然而，仅仅做一次呼吸练习不容易体会，需要投入大量的时间和精力进行训练，为此需要更深入更专业的呼吸冥想方法。冥想方法有很多，取决于每个人的情况，可能需要专家指导做具体的练习。我在这里简单解释其中一种。

通过伸展脖子、肩膀、上背部、下背部和髋关节来深度放松身体。半莲花坐在地板上或椅子上，挺直后背，面带微笑。只有这样，大脑才不会感到压力。当大脑处于最舒适的状态，身体保持平衡，挺直后背，呼吸才会很舒服。

把注意力集中在下腹部即下丹田的位置，让呼吸深入腹部。吸气时下腹部自然膨胀，呼气时收缩。想象下腹部是一个气球，将空气吹入时会膨胀，当空气逸出时会收缩。这叫作丹田呼吸。

尽可能自然地呼吸，不要屏气，让自己感觉舒适，以免引起大脑和身体紧张。呼吸时，保持气流稳定地进出身体。如果太用力屏住呼吸或者呼吸太快，气流就会断掉。不要让自己太急促，也不要太过缓慢。持续专注于吸气和呼气，不要去干扰。如果这条呼吸的气流被打断，那意味着你处于分心的状态。让注意力回到身体，感受并专注于呼吸。

丹田呼吸就像是点燃下腹部能量中心的一团火。把你的丹田想象成一个熊熊燃烧的火炉，熔炉升温时，丹田能量自然会发热沸腾。如果你继续把注意力集中在呼吸上，那么丹田就会炽热无比。然后当肾脏的水能量沿脊柱上升，冷却头部并让头部清新时，就会产生水升火降循环。你会形成清晰的意识状态，没有欲望、恐惧、焦虑和孤独的念头或情绪。

呼吸一段时间后，可能会有不同的体会。继续观察，无论发生什么现象，不要担心眼前是暗是亮。呼吸时只专注于丹田。

冥想是老年精神生活的一个关键。通过冥想可以保持敏锐的感觉，可以拥有与生命之源能量融为一体的强烈体验。这种经历让你确信，遇见死亡时，你将与通过冥想体验到的生命之源能量合一。这不是临终体验的升华，而是活着的时候体验升华。

如果你已经开始冥想，我建议不仅仅要把冥想作为缓解压力、改善身心稳定、提升专注力的工具，更要把它作为与宇宙的巨大生命力量合一、引导生命的神圣方法 。如果你从未冥想过，我绝对建议试一试，抛开“那不适合我”的想法。如果静坐冥想很困难，先做做身心训练，比如瑜伽、太极和气功，这样你就能感觉到自己的身体，培养体内的生命能量，然后再来做冥想。

更多关于冥想的细节，建议你阅读我的其他作品，如《能量疗愈：唤醒身体的能量系统，获得完整的健康、快乐与平和》（*Healing Chakras: Awaken Your Body's Energy System for Complete Health, Happiness, and Peace*）以及《光子冥想：治疗和转化的实用指南》（*Life Particle Meditation: A Practical Guide to Healing and Transformation*）。

精进自己，永续不停

自我精进是“自我创造”。这是一个选择自己想成为谁，然后立志成为那个人的过程。换句话说，这是一个发现生命、创造自己命运的过程。因此，在追求圆满的生命旅程中，持续的自我成长是必经之路。

每个人都有创造的天性以及实现创造天性的需求。这种需求不会因为我们变老而减少或消失。许多人实际上年纪越大越积极地表达自己的创造力，并不断自我精进。

在成功期，你可能为了拥有漂亮的简历而追求自我成长。很多情况下，这是一项提高工作领域内商业价值的行为。然而，退休以后，自我精进不仅仅是为了简单获得成功，更多是为了从工作中获得纯粹的快乐和内心的满足，使自己变得更好，使性格成熟，生活圆满。

只要我们活着，就应该永无止境地自我精进，以此来实现自己的创造天性，应该每天努力更新自己，直到心脏和大脑停止工作的最后一刻。今天的需要与昨天有所不同，明天需要比今天更好，停止自我精进就像轮船关闭引擎漂浮在海洋中央。

创造力不仅仅是创造新事物的能力，它也是我们在一成不变的工作中引入新鲜感的能力。创造力来自于好奇心和探索态度，来自于质疑的态度。当你对自己和世界产生浓厚的兴趣时，就会产生改变生活为世界做贡献的想法。你会有很多想法，不管身处何种环境，你都会花时间思考，“在这种环境下我能做什么？”立即对这些想法采取行动，哪怕只是很小的想法。这些行动汇聚在一起，共同创造了生命的变化和成长。

自我精进并不意味着必须从专业人士那里学习新东西。不断地思考好想法，采取行动，活动身体和头脑都是自我成长。说一种以前不知道的语言、举起更沉的重物、处理新设备，这些并不是能从自我成长中获得的唯一结果。更多微笑，用微笑忽略别人的错误，更频繁地告诉别人你爱他们，对自己诚实，这些也是自我成长的结果。

自我成长以自我探索为前提，因为只有了解自己，才能真正地发展和成长。真正的自我成长永远不会结束。当你自我培养的时候，你会发现这些好处可以扩展至家庭、他人、社区、国家以及整个地球。你的改变会带来整个世界的改变。

我们在圆满过程中的修身态度应像艺术家的工作精神一样。工匠不会使用任何捷径或技巧，而是每一刻都竭尽所能完成高品质的作品，以让自己感到满足。

意大利文艺复兴时期，米开朗基罗在梵蒂冈西斯廷教堂绘制大型天花板壁画时有一个著名故事。有一天，一个朋友看到米开朗基罗站在一个很高的平台上别扭地抬着头，专心地在天花板的每个角落和缝隙里作画，他便对米开朗基罗说：“我的朋友，谁会知道你是如此专注地去画那个不起眼的角落呢？”米开朗基罗回答说：“我知道。”

以圆满的精神自我成长就是这样。通过静思和冥想来诚实地审视自己，感知哪些需要变化，选择去创造这些变化，并根据自己的意愿将选择付诸行动。在追求圆满的过程中，自我精进并不是为了与他人竞争。如果我们与任何人竞争，那我们就是昨天的自己。

成功有各种各样的时间期限，但通往圆满生命的自我精进只有一个期限，即生命的最后时刻。

I've Decided TO LIVE 120 YEARS

THE ANCIENT SECRET TO LONGEVITY, VITALITY AND LIFE TRANSFORMATION

“神奇的是，无论表达和分享多少，每个人心中纯洁的爱之泉永远不会干涸。通过分享纯爱来成长和帮助他人的生活，是那些精神觉醒的人真正想要的生活方向。”

Chapter 11

第十一章

分享和给予

Share and Give

正如前面所讲，许多人在临终前最遗憾的是没有勇气活出真实的自己，过自己真正想要的生活；不是过别人期望的生活，而是真实活在自己的生活中。

我过着对自己真实的生活吗？这是人们临终前反思人生最重要的方式。对自己的人生满意还是遗憾，取决于这个问题的答案。这个问题就像一束智慧之光，指导我们老年生活该走向何方。

人们希望分享内心深处的力量，与他人表达和分享纯洁的爱，憧憬自己变得更快乐。神奇的是，无论表达和分享多少，每个人心中纯洁的爱之泉永远不会干涸，事实上，从中汲取越多，它就越丰富。通过分享纯爱来自我成长和帮助他人的生活，是那些精神觉醒的人真正想要的生活方向。

在不伤害自己或他人的前提下，你内心的生活标准是什么？这是心灵成长的标准。如果你带着信念而活，就永远不会伤害自己或他人。人们行为粗鲁是因为他们失去了信念的标准。孔子说："七十而从心所欲，不逾矩。"要过一种对别人无害的生活并不容易。但更进一步，帮助他人——不仅是不伤害他人——这绝对是最理想的生活，是为了所有人的利益而努力。

帮助别人时，内心就会成长成熟。如果内心充实满足，就会自信而平静地面对死亡。如果活着只为了满足自我的欲望和私利，不会感到满足和安宁，将留下许多遗憾。

死而无憾

过一种无悔的人生，是我们晚年生活应该遵循的主要标准。这有助于避免我们做出后悔的选择。人生面临许多岔路和无数选择。“我应该选择这个还是那个？”扪心自问，选择会变得更容易。“当我死去时，会后悔将要做出的选择吗？”我们可以通过思考寻找设计晚年生活的灵感，究竟怎么做才能真正相信自己过着美好的生活，然后无怨无悔地死去？

非常重要的是，找到我们内心真正想要做的，而不是别人对我们的期望。我们需要找到一种永远不会后悔去做但会因为没有做而后悔的工作和生活。只有这样，即使到了晚年，我们也能生活在兴奋和激情之中。当内心充实，激情就会复活。找到让你充满激情的工作和生活，这对于更健康、更快乐、更平和至关重要。

从这个角度来看，我可以说，“对我而言，觉悟没什么大不了，就是了解我真正的需要”。许多习惯于物质主义的人把时间花在过度消费和浪费上，想都不想就买这买那，不知道自己真正需要什么。如果你真的知道自己需要什么，那就会仔细选择至关重要的东西。要了解自己的需求，必须了解自己的真正价值。当你能区分是固执还是坚守自我时，就会意识到自己的真实价值，并根据这些价值做出选择。

了解到这些价值观的人会认真思考为了自己成长和发展所需要做的事情，以及如何为成长而活。解答并不困难。如果你知道自己真正需要什么，知道别人真正需要什么，就能规划这样的生活。如果某件事对你和他人都有好处，那么它最终对每个人都有好处。如果你帮助别人变得更健康、更快乐、更平和，那你也会变得更健康、更快乐、更平和。当你让别人微笑时，内心的喜悦也会加倍。

领悟这一原则的老人对服务别人的生活所带来的快乐和成就感至关看重。他们帮助社会弱势群体，如儿童和老年人福利中心等组织。他们提供免费讲座或者贡献技能，为儿童和老人们理发或教音乐课。他们也从事社会工作或者贡献一部分收入，从事慈善活动，使社区环境更宜居。

帮助别人的同时也是帮助自己。一些研究表明，那些做志愿者活动的人比不做志愿者活动的人寿命更长。根据 2014 年医学杂志《柳叶刀》（*the Lancet*）发表的一份研究报告，在为期 8

年半的研究中，生活中具有较高尚目标性的人的死亡概率下降了 30%。对世界各地长寿老人的研究表明，做一些有意义的事情——无论是帮助自己的儿孙还是在互联网上做志愿者，都能延长 7 年的寿命。

创造快乐，分享与人

苏珊·吉拉斯（Susan Gerace）眼睛闪闪发光，微笑着说："我现在对自己很满意。"第一章简单介绍了苏珊 5 年前 68 岁时自愿退休时的想法。她认为自己已经为退休生活做好了充分的准备，但退休后，她意识到自己在情感上完全没有准备好。她说：

> 我是一名专门护理新生儿的护士，为病人做了很多事……可退休后我不再工作。我是谁？大家都到哪儿去了？现在回想起来，我意识到自己当时面对这种情况很难接受，花了很长时间来克服这些问题和情绪。我不得不远离所有外在的激励和为我所做工作给予的掌声。更准确地说，我必须找到一种找回自己的方法。

苏珊从退休前就开始练习冥想，她致力于发掘内在价值，而不是外在的肯定。她现在定期在十多个地方做志愿者工作，包括为妇女庇护所、身处劣境的儿童、有特殊需要的儿童以及55岁以上家庭暴力受害者提供服务。每当她看到自己小小的善举或鼓励的言语对这些人产生积极影响时，就会感到快乐和感恩。

她与儿孙以及有30多年友谊的朋友们保持着良好的关系。但苏珊说有时仍会感到烦恼和孤独。去年她也经历了一场危机。为了舒适，她经常依赖冰激凌、巧克力和安乐椅。有一天，她想应该改变自己的生活方式了，于是把宝贝的躺椅送给了邻居。邻居很惊讶，问她为什么这么做，苏珊回答说："我在里边坐得太久了。"她还把电视扔了，因为电视实际上和躺椅是配套的。

"电视总是开着，但我未必一直在看。电视的声音充斥着只有我一个人的空荡荡的屋子。"过了好几个星期，她才适应没有电视和躺椅的生活。"我能做到，"她不停地告诉自己，"我可以这么做。"但这真的需要勇气。

苏珊说，晚年从事赋予生活意义的活动会在很多方面对你有所帮助。对她来说，这些活动包括帮助身处困境的人，与家人分享充实的生活经历。摆脱躺椅和电视为她提供了一个改变的机会，她一直坚持做其他日常活动，比如与家人见面和做志愿者，这让生活焕发新的活力，摆脱了习惯性的孤独。最近她最喜欢的冥想方式是在亚利桑那的沙漠上欣赏美丽的日出日落。每当这样做时，她都会感受到一种强烈的平静和一种与生命的紧密连接。

“好好地老去就是接受现在的自己。我认为这包括接近和帮助他人与自己。”苏珊说。

今年 76 岁的珍妮特·杜达 (Janet Duda) 在护士岗位工作了 43 年后于 67 岁退休。在照顾患有抑郁症、焦虑症和痴呆症的老年患者时，她对关于如何保持健康和快乐思考颇多。退休前，她和丈夫制订了一个计划，为退休生活做好准备。一退休，他们就驾驶拖挂式房车周游了美国 3 年半。偶尔他们会去更远的地方，比如欧洲。自 2010 年在拉斯维加斯定居后，珍妮特一直在当地社区做志愿者。

珍妮特每周六都在动物收容所做 5 个小时的志愿者，帮助收养小狗、遛狗、抱狗以及洗衣服。她还在家庭虐待受害者庇护所工作，用卡车运送捐赠家具，曾经给一个在地板和沙发上睡了一个月的家庭送了一套床。这家人非常高兴，拥抱了她 14 次，之后还发了信息，告诉她这是有史以来全家收到的最好的圣诞礼物。此外，珍妮特也在警察局做志愿者，为新兵或警察学院的学生扮演训练角色。她扮演过各种角色，从家庭暴力受害者到醉酒司机，甚至是持有武器的人。珍妮特还积极地在侍奉的寺庙里做义工，她说：

我很幸运从事护理职业，这本身就是帮助他人的生活。可能出于这个原因，我乐于帮助别人。知道自己对某些人的生命改变有些影响，这让我感觉很好。我需要这种感觉，就像需要食物和饮料一样。如果不这样做，我会感到悲伤和孤独。我坚信每个人都需要做一些早上醒来时可以感觉兴奋的事情。要感觉良好，重要的是要有所期待，尤其是对正在做的事情感到快乐。我不会去做不喜欢的事情。

死亡终会降临，我的人生之路已经过半。我相信这一生并非终点。当死亡来临，我觉得这是美好的一生。我让别人的生活有所不同，这让我很满足。

如何应用生命的力量？

还有什么比在临终前用“生命”的宝贵时间和精力对他人和世界做出贡献更令人满意的事吗？相反，如果让时间毫无意义地流逝，你会在临终前后悔吗？你可能会想，“我没能好好利用内心爱的力量”。

临终前有一种方法可以检验你在这个世界上成长了多少——通过了解内心的感受。如果感到快乐和满足，说明你成长了很多，会想“我活得很好，为自己感到骄傲。虽然我现在死了，但生命中没有遗憾”。但如果内心感到空虚，说明你没有将内心填满。

你可以从工作中退休，但不能从生活中退休——除非死去。你的生活不会因为退休而结束。生命是宝贵的时间，是体力、心力和脑力的整合。无论它来自创造这个世界的上帝还是宇宙伟大生命的源泉，使用生命力量的权利在出生的那一刻就天赋于你。这权利只给予你一人，直至死去，你是唯一能决定如何使用它的人。生命的力量并不想白白被浪费掉，它希望被用来做有意义的事情，让人们和世界更健康、更快乐、更平和。

活着的时候，你是生命的主人。你会把自己当作真正的主人吗？还是成为一个袖手旁观的人？必须在两者之间做出选择。找到并规划真正想要达到的愿望，这样就不会在临终时有所遗憾。

问问自己，“如果我知道今天是生命中最后一天，我会继续今天的计划吗”？如果会，那么显然你现在所做之事有意义；如果不是，找到真正想要做的事情。加油，希望你能找到一些让自己充满激情和兴奋的事，即使做到死也不会后悔，即使在生命的最后一天依然很乐意去做。让生动的梦想变成现实吧！

I've Decided TO LIVE 120 YEARS

THE ANCIENT SECRET TO LONGEVITY, VITALITY AND LIFE TRANSFORMATION

I've Decided TO LIVE 120 YEARS

THE ANCIENT SECRET TO LONGEVITY, VITALITY AND LIFE TRANSFORMATION

“亲近大自然是让生活充满灵性和成就感的好方法。大自然拥有惊人的力量，可以净化我们的思想和情感，使我们回到原始自然的状态。”

Chapter 12

第十二章

亲近大自然

Be Close to Nature

晚年最好居住在靠近大自然的地方，而不是繁忙的都市里。如果难以做到，那就经常去亲近大自然，无论何时何地，只要有机会就去。不必去远山、荒野或大海，家附近的公园或小路也很好，只要能感受到阳光、树木、水和风，只要能看到开阔的天空，能漫步在自然芳香的泥土上。

亲近大自然是让生活充满灵性和成就感的好方法。为什么？必须首先意识到你与自然的本质关系。我经历过这个过程，分为三个阶段。

大约20年前，我第一次去亚利桑那州的塞多纳，看到了一个被红土和雄伟的岩石层环绕的地方，地面铺满了郁郁葱葱的仙人掌和桧树林，除了欣赏美丽的风景，当时我什么都不想做，被塞多纳强烈而神秘的魅力迷倒，被周围的美景深深地震撼。“我无法相信地球上有这么美丽的地方！”在塞多纳走访时我不断对自己重复这句话。

但在某个时刻，我意识到在我看着塞多纳之前，塞多纳一直在看着我。是的，塞多纳的红岩、仙人掌、桧杜松早在我之前已经存在，它们看着人群来来往往，而我只是众人中的一员。人类在这里待上一阵子，然后走了，这片土地真正的主人是大自然。

与此同时，我也意识到自己是大自然的一部分。自然与我乃一整体，不是孤立存在。为什么我是大自然？因为我是地球巨大生态系统中生存和呼吸的有机体。认识到我和大自然是一体的感觉很强大，犹如雷声滚滚。那次觉醒震撼了我的每一个细胞。毫不夸张地说，这是觉悟的开始与结束。

道理很朴素，人与自然本就一体，从某种角度来说，这是连孩子都知道的常识。但人们通常只是以头脑去认知，而真正理解这个概念，必须用身体的每个细胞去体验，获得一种超越知识的感受。当我们真正感觉自己与大自然融为一体时，会体验到一种心灵上的完美融合，在这种融合中，你和曾经认为与自己分离的一切都相互联系起来。

如果把精神成就作为晚年生活目标，那就尽可能去亲近自然，这一点怎么强调都不过分。

放下自我执着

与大自然为伴的生活方式可以帮助你放下自我执着。

进一步探究人们烦恼和痛苦的根本原因，会发现这是因为人们的自我意识。“自我”这个词把一个人与大自然和其他人分开，把自己看成一个独立于整体的个体，而当陷入这种自我的感觉时，则会经历来自不完整的痛苦和无休止的冲突。

佛教徒认为人们因三种毒而无法去除自我执着达到一种涅槃式解脱的状态，即贪婪、嗔怒和愚痴（贪嗔痴三毒）。贪婪是一种欲望，希望通过物质上的获取或来自外界的东西填补我们的不圆满，当贪婪得不到满足就会产生嗔怒，而愚痴是没有按照我们所有人都是一体的智慧去行事。

问题在于我们拥有分别心，即一种你和我是分开的，我和自然是分开对立的思想。这种二元论的世界观，认为个体的自我是主体，而其他一切甚至大自然都是独立于自我的客体，这是世界上大多数问题的根源。对于不断接受教育的人们来说，他们习惯于追求所谓的成功典范，因此在物质社会中要尽可能地竞争、拥有和控制，随着时间的推移，自我的欲望会越来越强大。这种情况发生得越多，就有越多的人陷入痛苦之中。人们甚至将自己视为与自然分离，将大自然视为一种可被开发利用的资源，让地球和天空出现严重的问题。对天空和地球的污染终于回过头来困扰我们，让人类生病，那么我们该怎么解决这个问题呢?

一旦明白这些，解决办法显而易见。我们要转向一个整体的世界观，把一切看成一个整体。改变整个社会体系比如教育、政治、经济和文化，需要花费大量的时间和精力，然而作为个体，我们的意识却可以马上改变。

有一种简单的方法可以拥有整体视角：感觉你与自然是一体的。试图强行扭转观念没有用，转个身，你会发现它还在原地。虽然你每天都下决心抛开旧观念，但在意识到之前，旧观念会因在日常生活中被工作和人际关系所受到的困扰而复活。然而，当你与自然融为一体时，当你用身体里每个细胞去感受自然，而不仅仅把它理解为一点儿知识时，情况就会有所不同。

打开身心，感受大自然的气息，体验与大自然的交互。当你觉得自己是自然的一部分，自我的分离意识就会消失，伟大的觉醒就会到来，你就可以真诚地说："我与自然是一体的。"但当你还在依附于自我的时候，这么说是不完整的。通过感觉而不是思考，认知才会更加深入。这就是为什么需要在大自然中进行冥想。

你也许经历过亲近自然时迅速逃离那份执着。当思绪和情感混乱时，你有没有穿上运动鞋去散散步，然后沐浴在明媚的阳光下和愉快的微风中一吐心中的沮丧？如果这样走几十分钟，纠结的思想情绪很快会平静下来，心里会越来越敞亮。现实并没有发生一点儿改变，但是世界看起来不同，因为你的想法已经发生变化了。大自然拥有惊人的力量，可以净化我们的思想和情感，使我们回到原始自然的状态。

与大自然为友

生活中与大自然为伴，我们则可以与大自然成为朋友。

在实际生活中，我们与许多朋友越来越亲近，也越来越疏远。在学校的时候，有多少人与我们承诺过友谊长存？临终前，许多人表示未能和朋友保持联系是人生主要遗憾之一。年轻时亲密的朋友因为沉浸在各自的生活中而无意间失去联系，哪怕只有一个真正的朋友，如果能和他分享内心，依靠他，困难的时候得到他的帮助，那么也可以说自己过上了美好生活。生活状况、环境、思想和情绪会使人际关系难以维持。如果拥有一个完全了解自己内心的朋友，和他心与心地交流，这不是很好吗？然而当朋友和亲人一个接一个地离开我们后，晚年的孤独寂寞实在难以忍受。

不要只是悲叹这种孤独寂寞，而是要去结交新朋友。也许与新朋友交往的深度和情感比不上老同伴，但随着一起变老，我们仍然可以与新朋友相遇相知，分享内心。记住，我们有一个终生的朋友可以和我们一起走到尽头，它就是大自然。

从某种角度来说，作为朋友，大自然会比人作为朋友感觉舒服得多。我们每个人都有自己的经历、个性特点和生活理念，人际关系是一种学习和谐的过程，包括学习人与人之间的差异。当这种差异让我们陷入冲突时，我们会不舒服，最终避免与人相处。然而，在大自然中，我们不需要担心这些冲突。为什么？因为大自然不会评判我们。她接受和拥抱我们原本的样子。当事情变得艰难时，她是一个温暖的庇护所，让我们可以依靠，像一个深情的朋友，鼓励我们并带来希望和勇气。

每个人可能都有被大自然所爱和安慰的经历。当我们在明媚的春日坐在温暖的阳光下，或躺在草地上仰望天空，当我们走在森林小道听小鸟歌唱，当我们俯瞰大海感觉神清气爽，当我们在漆黑的夜晚凝视天空中闪烁的繁星，在这些时刻，我们会微笑着对大自然说："哇！真是太美了。"我们敞开心扉，就好像刚刚遇见一位老朋友。敞开心扉时，可以听到大自然在对我们说话："要有勇气！没关系。你可以做到！我爱你！"这些实际是我们内心的声音，我们内在的自然本性又复活了。当内在的自然本性与外在的大自然联系在一起时，我们就能听到大自然的讯息，成为大自然的真正朋友。

友谊不是单方面的，而是相互的交流。要成为大自然的朋友，你必须能够理解它，而不仅仅是享受它的美丽。你必须向大自然敞开心扉，就像敞开心扉和另一个人交朋友一样。当我们敞开心扉时，大自然进入我们的内心，而我们内在的自然本性也会因为大自然的纯粹之爱而复活。这时，"我是大自然"，"我与大自然是一体的”。

大自然就在你身边，是最伟大最亲密的朋友。大自然没有情绪，没有评判，完全接受你。它是一个你可以全心全意交流的朋友。经历过艰苦生活的老人们，请在大自然中找到安慰吧。它将治愈你所受创伤，打开你封闭的内心。

很久以前，韩国一些人士退休后会在大自然中过着简单满足的生活，他们会唱这样的歌：

青山系吾友，绿树系吾友。
青山绿树间之风月系吾友。
余生里，我将与四位老友一起终老。

——无名氏

你问我有多少朋友？
水、石、松、竹。
令我更高兴的是，
从东坡升起的月亮也是我的朋友，
就让我这样吧。
如果我有更多的朋友，我该怎么办？

——圣多云《五友之歌》

吸收圆满能量

与自然友好为伴的另一个优点是，它让我们圆满地从大自然中吸取能量。

我们是由能量构成的有机体，只有获得能量才能生存。吃东西是维持身体能量，但我们也需要像为身体提供能量一样为内心提供能量。人们渴求内心丰富，启发新的灵感。为了获得这样的能量，人们追求人际关系，通过工作感受成就，培养兴趣爱好，致力于精神生活或宗教活动。尽管这些行为在某种程度上安慰了人们的内心，但很多时候并不能完全令人满足。

我们追求生命的圆满或完整性。生命在寻找完整、寻找完全满足的过程中徘徊，但是在人工世界里没有完整的东西，完整只存在于自然之中。自然本身就是完整的。当然，我们也可以是完整的，如果我们的内在拥有了自然的完整性，我们就是自然。

试着把所有东西都放在一边，在大自然的怀抱里躺一会儿。你的身心将充满温暖的阳光、新鲜的空气、清脆的水流声、清新的青草和泥土气息。大自然总是给我们无限的爱与祝福，这是人类无法创造的一种完整的能量。让自己吸收大自然的无限能量吧，你内心的完整性在那一瞬间会复苏。

我们有亲生父母、他们生下并抚养我们长大，但我们也有更伟大的父母，他们在孕育、出生和成长的整个过程中支持我们生命的构想，这就是我们的宇宙父母。通过嘴巴进入身体的食物和水是我们从地球获得的能量，空气和阳光则是我们从天空中获取的能量。如果没有天地能量，人类的有机体连 10 分钟都无法存活。我们现在可以生活，呼吸和活动，因为我们有大自然——我们的宇宙父母。就像亲生父母给予孩子不计回报的爱一样，宇宙父母也会给予人类无条件的爱，他们不需要任何东西来换取那份爱。如果有一件事是宇宙父母想从我们这里得到的，那就是要我们与地球上所有的生物和谐共处，就像生养我们的父母希望他们的孩子彼此和睦相处一样。

你需要能量吗？不要只是从别人那里寻求，而要从大自然即我们的宇宙父母那里获得充实的生命能量。大自然为你的身体贯入生命能量，为你注入活力，使你的内心充满喜悦。这是一种完全的完美的平和能量，你无法从任何其他人那里获得。

不要忘记与周围人分享从大自然中获得的能量。从大自然中获得爱并与他人分享，像自然一样分享无条件的爱，这才是一个自然人的生活。

回归大自然

大自然不说话，它只是呈现事物本来的样子。我们与大自然成为一体的方式就是感受自然本身。我们可以通过沉默的冥想来与大自然交流。自然包含了语言或文字无法表达的真理，当我们感受到这一点时会被深深地打动。人类也是如此，我们会被一个人的品格和正直所感动，而不是口头语言。这是一种巨大的祝福，人类感知真理超越了口头和书面文字。一个自然人的生活就是要保持这种直觉。

大自然是人类共同的老师，永远在身旁，随时随地可以见面。我们通过大自然学习生命的智慧和法则。我们在春、夏、秋、冬的四季轮回中意识到自然规律。在灿烂的阳光下，我们发现大爱平等地照耀着每一个人，在新枝芽和绽放的花瓣中感受生命的奇迹。

学生们往往与老师很相似，所以人类越接近自然，性格就越像自然。人们越来越像大地一样具有伟大的美德，包容和哺育所有生命；天空浩瀚无垠的智慧提供光明、自由与平和。随着年龄的增长，如果你的性格变得更像大自然本性，你将会和整个身体一起体验与自然的合一。据说，人类来自自然，也将回归自然，因此我们应准备回到大自然的怀抱。

大自然神奇的智慧蕴藏在韩国最古老的经文《天符经》的文字中。

一切都开始于“一”，

但那个“一”没有源头。

原来的心，明亮如日，追求光明。

人居中，天地人合一。

一切都终于“一”，但那个“一”没有止境。

这是《天符经》的关键段落，表达了宇宙和自然的永恒，没有起点也没有终点。我们应该追求像太阳一样明亮的初心，唤醒内在的大自然（天和地）一体性。意识到这一原则并追求以此为基础的生活，就是为灵魂的圆满做好准备。

像大自然一样，与大自然融为一体，这是每个人晚年梦寐以求的理想。无论出生在富裕还是贫穷的家庭，当老去面对死亡时，我们都是相同的，即便曾经拥有惊人的财富、权力或智慧。一切在自然面前都是平等的。因此，放下权力、威望、贪婪和执着，成为自然人，是为临终做准备时的正确态度。这一切都是为了当你准备回归宇宙的基本生命能量时做好调整，让你内心更明亮、更自由、更平和。

只要你的生命存在，你就能以一颗开放的心拥抱所有人和所有生命。在地球上分享我们的时光是一个开明长者之路，也是升华之道路。让我们每个人都拥有希望，在世界上的最后一天可以平静满足地闭上眼睛，就像这首诗所说的那样：“我过着美好的一生。”

今天是临终的好日子。

每个生命都与我和谐相处，

每个声音都在我心中和谐歌唱。

所有的美好都在我眼中驻足。

所有的坏念头都离开了我。

今天是临终的好日子。

我周围的土地很宁静。

我的田地最后一次被耕耘。

我的屋子里充满了笑声。

我的孩子们都回家了。

是的，今天是临终的好日子。

——南希·伍德《许多个冬日》，1974

I've Decided TO LIVE 120 YEARS

THE ANCIENT SECRET TO LONGEVITY, VITALITY AND LIFE TRANSFORMATION

I've Decided TO LIVE 120 YEARS

THE ANCIENT SECRET TO LONGEVITY, VITALITY AND LIFE TRANSFORMATION

“根据我们每个人如何度过晚年，可以建立一个关于老年的全新视角，一种人类历史上从未见过的智慧文化也可诞生。”

Chapter 13

第十三章

我们为后代留下了什么

What We Leave Behind

如果我们能过好后半生，世界会变得更美好。老年生活是解决社会诸多问题、开创新时代的关键。随着老年人口的快速增长，整个社会老年文化和生活方式的重要性可能也在提升。换句话说，老年人正在成为社会的中心。随着人口的增长，老年人不仅将成为各种消费和文化产业的目标，他们的声音也将在政治和社会上得到更多关注。

随着时间的推移，老一代人的社会影响将不可避免地有所提升，因此，影响的方向很重要。它会带来社会升级还是降级呢？有一件事可以决定这个问题的答案——老年人的意识水平。老年人可以通过创新的方式帮助社会发展，也可以只是加重子女的负担。这就是为什么我认为老年人的意识革命和觉悟启发绝对必要。

我深信以老年人为中心的意识革命是可能的。一种新的老龄文化可以解决现代社会的许多问题。在这种文化中，老年人会觉醒，认识到他们的存在是生命能量，而自我与他人、人与大自然、所有人都相互关联。他们将圆满作为自己的生活目标，并将生活方式导向这一目标。随着开明长者数量的增加，人类的意识将会产生更多的协同作用，更有可能改变生命的方向，走向以圆满为中心的精神文明。

为下一代做导师

在传统社会中，觉悟长者是知识的宝库，如同百科全书或图书馆。过去社会变革速度比现代社会慢，老年人积累的智慧和经验被认为非常宝贵。老年人在社区里一般被尊崇为领袖，常被问及许多事情，例如什么时间播种最好，如何教育一个任性的儿子，母亲患胃病该怎么照顾，如何解决与邻近村庄的冲突。老年人是教育者和疗愈师，是仲裁者和传播者，将文化和智慧代代相传。这些角色维护了社区的价值观和稳定，让社区平衡发展。

毫不夸张地说，古代思想是由长者智慧形成的。据说老子的《道德经》被翻译的语言种类仅次于《圣经》，“老子”字面意思就是“年纪大的导师”。佛陀活到 80 岁，孔子活到 73 岁，都一直在教导学生，与世界分享他们的智慧。柏拉图笔耕不辍直到 81 岁去世。

遗憾的是，我们发现今天很少有老人能像受人尊敬的导师一样分享他们的智慧。年轻人有问题不再向老人请教，而是通过互联网查询。老年人必须向年轻人学习如何使用智能手机和操作新设备。年轻一代通常认为老年人是落后于时代的顽固分子，难以沟通。因此拥有生活经验和智慧的老年人很难与年轻一代沟通，年轻人都在追求速度和感官刺激。

老年人成为年轻人的导师应该再次被效仿，但首先老年人的意识必须觉醒。老年人可以扮演导师角色，因为他们所分享的不仅仅是信息知识。年轻人容易了解事实，他们想从前辈那里得到深刻的智慧，他们需要温暖而清新的话语，帮助自己从不同角度看待所面临的问题。年轻一代需要宽容、博爱来温暖他们日益冷漠的内心。

这种改变首先必须在我们每个家庭中发生。我们必须发展一种有价值的家庭文化，在这种文化中，祖父母们用爱来拥抱儿孙，用智慧引导他们。在祖父母怀抱中长大的孩子看到父母尊敬祖父母，他们的性格就不会堕落。这样的孩子不需要到私立教育机构去接受品格教育，家庭成员应该是提供这些教育的人。

然而，老年人的智慧不能只停留在家庭内部，也应该传播到社区。如果前辈们只是在家中使用他们的智慧，那么这些智慧永远不会成为变革的动力。为了更大的利益、它还必须成为一种社会资源。要实现这一点，老年人和社会必须通力合作。

就个人而言，老年人必须有同情心，对世事有积极的兴趣，而不是漠不关心，认为自己是一个眼不见心不烦的老顽固。老年人要接受晚年阶段是让生命成熟和圆满的机会，应该追求通过帮助身边人及社区所带来的欢乐和激情。这种生活不仅促进个人圆满，也促进了整体圆满，我们需要更多人感受到这样的生活最为享受。一个社会若有许多老年人真诚地关心社区，努力使世界变得更美好，那么这是一个幸福的社会。如果老年人积累了一生的智慧和经验，为共同利益而努力，那么将对社会所有领域包括政治、经济、文化和教育产生积极的影响。

我们应该为老年人提供充分的机会来分享他们的智慧和技能，同时让他们作为社区的宝贵成员而受到尊重。在老年人的福利方面，人们的看法各不相同。然而有一点是肯定的，就是那些经常感到压力和为下一顿饭担心的人很难追求精神上的成熟，也很难为他人服务和做出贡献。

社会应该照顾和保护老年人，确保他们的基本需求得到满足。然而，照顾老年人不仅仅是提供膳食、建立老年中心或派遣社会工作者。社会必须提供工作让老年人为社区做出贡献，同时感受到快乐和成就感。赚钱的职业生涯可能会在退休后结束，但有很多工作老年人可以比年轻人做得更好。

让我们留下一个更美好的环境

生命的价值在于圆满，而不仅仅是为了成功的价值，我们迫切需要保护全球环境。

看韩国的天气预报时会发现一些特别报道。天气预报员预报当天的天气，在报告多云或晴朗时，也会提及空气中的细粉尘浓度是好、平均、差或非常差。粉尘非常严重的日子，如果可能的话，应该避免外出，或者戴上特殊的防尘面具。在这样的天气外出，眼睛会受伤，喉咙很快会发痛。

据英国《卫报》（*The Guardian*）报道，2017 年 6 月，英国普利茅斯大学（Plymouth University）的研究小组报告称，在英国水域捕获的三分之一海产品中发现了塑料碎片。比利时根特大学（Ghent University）的科学家们最近计算出，经常吃海鲜的人每年摄入的塑料量高达 11000 个小碎片。

这些碎片来自聚乙烯制成的瓶子。鱼吃掉在海洋中丢弃的聚乙烯瓶子，而我们吃那些鱼，就好像我们在吃这些瓶子一样。即使是现在，全球每分钟销售 120 万个聚乙烯瓶子，2016 年全球销售超过 4800 亿个塑料瓶，到 2021 年，这一数字将再增加 20% 达到 5833 亿个。如果现在把到目前为止销售的瓶子头尾相连，长度将超过地球到太阳距离的一半以上。此外，根据艾伦·麦克阿瑟基金会（Ellen MacArthur Foundation）的研究，到 2050 年，海洋中塑料的重量要超过鱼的重量。我们毫不思考使用和丢弃的塑料瓶除了方便之外，正在威胁我们的餐桌。此外，今天我们很少能吃到没有环境污染的农产品或牲畜，这是滥用化学产品和基因操纵的结果。

人类的生命源于自然。当大自然生病时，人类也无法避免生病。环境污染引起的人类疾病数量在全世界范围内迅速增加。康奈尔大学（Cornell University）生态学和进化生物学名誉教授大卫·皮门特尔（David Pimentel）与来自该大学研究生院的一个研究小组宣布，全球 40% 的死亡都是由于污染的水源、空气和土壤所造成。这些发现是根据 120 多篇关于人口增长、营养不良和环境污染对人类疾病影响的研究而得出。

除非地球环境变得更健康，否则人类享有 120 岁寿命的想法仍是幻想。在非洲的乍得，由于疾病、营养不良和缺乏干净的水源，预期寿命不超过 49 岁。我们必须同时努力，照顾我们的社区、家庭和自己。我们还必须关注地球本身的生态系统，否则环境将达到无法恢复的状态。如果出现这种情况，人类的存活将变得非常困难。

三年前，我与东亚研究学者伊曼纽尔·帕斯特里奇（Dr. Emanuel Pasterich）博士就如何生活才能更加“专注可持续、不破坏生态平衡”这一话题进行了长谈。他向我推荐了美国环境活动家古斯·史佩思（Gus Speth）的观点：

我曾认为环境问题产生于生物多样性的丧失、生态系统崩溃和气候变化，30 年的科学研究可以解决这个问题。然而我错了，环境的首要问题是自私、贪婪和冷漠，要解决这些问题，我们需要文化和精神上有所转变，但科学家们并不知道该怎么做。

我完全同意，人类的自私、贪婪和冷漠是环境问题的核心。我们现在必须超越成功的价值，走向圆满的价值。具有分别心的人认为自然只不过是一个为了追求成功而被开发和利用的对象，这是破坏环境的根源，它让我们对破坏无动于衷。我们唯一的希望是超越这种分别心，认识到我们和大自然是一体的，充分理解大自然是我们每一个生命的源泉。当人们意识到这些的时候，改变就开始了。

我们必须开始把一切看成一个整体，孤立的观点再也行不通了。世界不是各种独立事物的集合，一切都由能量相互联系。我们被空气、水、风和阳光联系在一起，共享全球环境中的一切。没有任何一个国家可以在其边境修建高墙来阻止能源流动。如果邻国贫穷不幸福，那么这个国家建造高墙和制定规章制度的努力将会适得其反。强大的警力和成堆的金钱无法阻止病毒或污染在水和风中传播。

如果我们换个角度看待事物，超越分别心和个人的直接便利与利益，就会发现我们的智慧能够解决当今许多紧迫的问题。例如，当我们停止浪费食物时，就朝着结束饥饿迈出了一大步。据估计，在美国种植、加工和运输的食物中，有近一半被浪费。每年我们在全球的军费开支约为1.7万亿美元，相当于全世界70亿人每人军费开支约247美元。如果能够减少在军事上耗费的巨大资源，用以保护自然环境，恢复人类对自然造成的破坏，我们就可以把更清澈的天空和更干净的水留给后代和地球上的其他生命形态。

如果人类依旧按原样生活，只考虑外部扩张，将对人类和其他生物造成巨大伤害，人类寿命增加并不一定是地球的福音。老一辈人是我们时代觉悟的长者，有责任努力确保晚年的生活方式能改善地球上的生命。否则，我们只是不断从地球上拿走更多东西而不付出任何回报。

像地球公民一样生活

长期以来，我一直在传播地球公民精神。这种精神的核心很简单，我们应该为地球着想，因为在拥有任何特定国家、种族或宗教身份之前，我们首先是地球的公民。虽然大家肤色不同，语言不同，但有一个共同的标准把我们联系在一起——我们都是生活在地球上人类物种的一部分。

不久前，我很高兴听到脸书创始人兼首席执行官马克·扎克伯格在哈佛大学的演讲中谈到了成为世界公民的概念。如果像扎克伯格这样颇具社会影响力的公众人物广泛谈论地球公民精神，继续创造全球团结，我们将能够创造积极有意义的变革。

每个人都应该拥有地球公民意识。勇敢的环保主义者敢于展示并冒险去阻止石油泄漏或核试验，但他们并不是地球公民的唯一代表。为家人做饭打扫屋子的父母们、公司里辛勤工作的专业人士、在乡间种菜养鸡的爷爷奶奶们都可以成为地球公民。

我们必须认识到地球是我们的家园，属于我们自己。假如你买了一辆看中很久的汽车，有人用钉子在上面划了很长一道划痕，你自然会生气，甚至厌恶和失望。如果有人想伤害你的孩子，你会变得比超级英雄电影中的主角更勇敢更有力量。如果那辆车或孩子与你无关，你可能不会有这样的反应，但因为这是你的车和你的孩子，所以无论如何你想要保护他们。我们对地球要有同样的态度。地球是你的家，其他人、动植物是你的家人，我们拥有一个共同的家园，那就是地球。

一个良好的地球公民人生的第一步是拥有对生命的希望和所有权。没有归属感或对自己生活失去希望的人也会对地球有同样的想法："有人会去解决地球问题，我们的领导人或专家会做正确的事情”，他们可能被动地思考，或者认为“不管谁做什么，世界都不会改变”。对自己缺乏信心的人自然很难对别人和世界抱有信心和希望。

如果你觉得自己与大自然融为一体，是生命的真正主人，就会不由自主地产生一种紧迫感，知道地球和人类物种问题是你自己的问题。如果你有愿望帮助地球和地球上的公民，即使在很小的方面也能有所作为。你可以利用你的知识、金钱、权力、才能和时间来造福他人和社区。如果我们每个人都给自己希望，我们就能成为地球的希望。当一条新道路在我们每个人的生命中打开，我们也为地球和人类开辟了一条新道路。

每个人都有地球公民之心，每个人都天生渴望他人以及其他生命形式能够健康和幸福。我们都有一种自然愿望，哪怕只是一点点，也希望为创造一个更美好的世界做出贡献。在我们的日常生活中，基于这种愿望采取行动是一个地球公民的生活方式。这种愿望如同看到街上有垃圾就捡起来，因为这和看到自己的房子零乱就要打扫是一样的感受。地球公民要做的不仅是清理自家前院。

当你发自内心地去实践而不是由别人来说服时，地球公民的心态和行动能力将会变得更强大。地球公民告诉自己：“我的生命来源是大自然。我来自于大自然也将回归于大自然。”地球公民意识就是我们应该积极保护大自然，并将它完好地留给我们的子孙后代。在这种觉醒下，开明的长者们有责任为下一代留下一份珍贵的礼物。

我们来到这个地球，需要抚养和照顾的不仅仅是我们的直系亲属，还必须关心社区、地球和大自然。作为老年人，我们要觉醒和行动起来，确保地球家园更安全，也让我们的家庭更快乐。如果后代子孙也觉醒并把我们作为榜样，地球将会变得更美好。

地球公民山本孝子

84 岁的山本孝子展示了一个美丽地球公民的典范。60 岁之前，她在曾经就读的日本高中担任英语教师。退休后，她同时照顾患有痴呆症的母亲、得肺癌的丈夫和中风的儿子。

73 岁那年，因为整天待在儿子住的医院里感到很沮丧，她偶尔会去上瑜伽课。有一天，她得知体脑瑜伽中心在教授我开发的这套身心训练方法，逐渐开始爱上体脑瑜伽训练。她说，每天早晨起床是一种快乐，感觉自己又活过来了。

后来，她想和别人分享这份快乐，于是 70 多岁时开设了一家体脑瑜伽中心。从家里赶到中心要花 1 小时 20 分钟，但她每天早上都迫不及待地早起，亲手打扫马路和瑜伽中心前的台阶，惦记着当天要上课的人。她办的中心非常成功，完全归功于她的敬业和激情。

现在10年过去了，山本孝子把这个中心的运作委托给了其他人，自己则运营一个快乐大脑俱乐部，定期在各地举办身心锻炼的聚会。她曾同时经营13家这样的俱乐部，目前在6个授课点授课。

不管发生什么事，她都不会停止这项工作。如果因为个人原因不能上课，她总是重新安排时间，虽然只有5到15位50至70多岁的人来上课。她偶尔也在儿童福利中心教课，一些年轻的妈妈会带着三四岁的孩子一起参加。孩子们都叫她“山本老师”，她说看着孩子们在做自己教给妈妈们的动作是一种极大的快乐。山本说：

> 有时训练结束我会谈论自己在人生中学到的东西，其实也没什么特别。我对大家说，我们被给予的时间和生命很宝贵，应该努力做到最好，对每一刻都心存感激，竭尽所能发挥我们的才能和智慧，并以一种帮助他人和社会，以及帮助我们自己的方式来使用时间和生命。老年人和年轻人会仔细思考我的话，有时甚至记笔记。这时我就会有一种成就感，心想：“啊，那个人会有所收获！”

在问及山本她所认为的快乐老年生活是什么样时，她回答说：

有一部电视剧描述了日本武士的生活。剧中主人公的母亲讲述武士精神，她看着田野里红色的秋叶，问道：“你知道为什么秋叶那么美吗？树木正在积蓄能量以度过严冬。正在枯死的是秋天的树叶，而不是树本身。武士们说，鲜艳的颜色代表着捍卫比自己生命更珍贵的东西的决心。”

当我看到这一幕时，我认为我也应该用余生来燃烧自己的能量，像那些树叶一样，为我所认为珍贵的价值观而活。现在岁数大了，街上走过的每个人都像是我的孩子。当我看到年幼的孩子，不管是否认识，都觉得他们是那么可爱和珍贵。我先来到地球，比他们活得时间长，所以我想工作到最后，过一种能让我觉得“这是作为人类值得骄傲和有尊严的生活”。

山本觉得在街上遇到的所有人都是她的孩子。她先来到地球生活时间长，想把激情燃烧到最后以保护地球上珍贵的东西。她的故事鼓舞着我们，让我们快乐美好地老去，成为一个真正的地球公民。这是一个美丽的见证，每当听到她的故事时，我都禁不住微笑。

宽容和共享的文化

我们在前半生经历了只追求拥有、控制和征服带来的破坏性。分享这种智慧是老一辈人的责任，它可以成为指导全社会的智慧。向正处于成功期的年轻人传授圆满的价值观，可以防止人类生命和本性在精神上陷入匮乏。

在一个以权力扩张和垄断为核心价值观的社会里，老年人可以通过向社会灌输“分享和给予”的观念来帮助恢复价值观平衡。无论我们如何建议年轻人花时间去寻找平衡，对于那些追求成功的人来说仍然不容易做到。在那个年龄，想要成长和扩张是一种生理上的需要，就好像在绿色的春天里与一棵树谈论秋叶金黄时的美丽是徒劳的，树不想为了秋天的美丽而放弃自己的绿色。

这就是为什么需要和谐。年轻人应该勇于挑战自己，集中精力工作，我们当然需要物质保障和成功。然而把物质价值认为是唯一价值会出现问题。当我们把成功、扩张和成长放在绝对重要的位置时，人类的价值观正在消失。觉悟的长者是在一个走向极端的社会中充当制衡力量的人。

以成功为中心的社会中，只有青年和中年的角色，如同生产、扩张和发展才被视为重要的一样。当过了青年和中年阶段，这些角色就交给下一代，并且持续循环下去。我们现在面临的许多社会问题都与这个价值体系密切相关。在这个时代，放松、呼气，给予和分享对于整个社会乃至我们的个人生活都是必需的。退休的人通常退出了生产活动，但他们可以胜任新角色，而不是成为旁观者或多余的人，他们可以向这个只重视不断扩张和发展的社会灌输圆满、智慧、宽容和关怀的价值观。当年轻一代握紧拳头吸气时，老一辈人需要松开拳头呼气。正如我们的心脏在体内循环血液遵循自然收缩和放松的节奏一样，觉悟的长者应该在成功和圆满两种价值观之间取得平衡。

我在新西兰地球村的新生命森林里看到了成功和圆满的平衡。在这片森林里，各种各样的树木和睦相处，大量黑蹄蘑菇生长在巨大松树的底部。巨大的开叶蕨类植物生长在高大的杉木树荫下，各种苔藓在这些蕨类植物的树荫下找到了生存土壤。藤蔓植物用其他树木结实的树干作为支撑，在共生中生长，就好像它们是同一个身体。不同的有机生命体和谐共处，相互接纳拥抱对方，这种美丽让人深深感动。

人类崭新的未来

老一辈人有责任向年轻一代展示充满价值的美好晚年。我们必须用我们的生活来示范，生命中除了十几二十岁的蓬勃发展或者三十、四十、五十岁的成功戏码外，还有更多的东西。年轻人需要从60岁以上的老人身上看到获得内在成熟之美。老年人有责任证明个人生活的圆满有助于建立一个更加人性化的成熟社会，他们确有潜力和权力去实现这个目标。

决定活到120岁并不意味着仅仅想活得更长，它是改变生活、改变社区，让人类和地球走向更美好未来的信念和意志的表达。因此，我希望看到更多人有这样的梦想，像我一样通过选择活到120岁来规划他们的现在和未来。你不妨有一个能深深打动自己灵魂的梦想，一个必须活到120岁才能实现的伟大梦想。

我深信人类梦想的力量。伟大美丽的梦想造就伟大美丽的人。一个人的伟大梦想可以改变他的人生，但是一个被许多人接受的伟大梦想就可以改变整个世界。我在所有遇见的人身上看到了巨大的人类精神——所有普通人身上都有伟大的英雄和与众不同的存在。每个人都渴望为他人、为其他生命形式、为自己健康和幸福，以及为了创造一个更美好的世界做出贡献。特别是老一辈人，在他们的后半生，就像山本一样，觉得所有人都是自己的子女，对人类和世界负有强烈的责任。我们应该珍惜这些宝贵的态度，确保它们在我们的生活中得到体现和反映。

每个人的选择将对地球未来产生重大决定性的影响，这在地球历史上是第一次。在前几代人中，个人选择的力量微不足道，无法影响整个地球。现在由于科学技术发展，我们坐在客厅里就知道地球另一边发生了什么事。在大多数民主国家，个人被赋予创造政治、社会和文化变革的权力，现在我们不仅可以看到身边发生的事情，还有世界上正在发生的事情，我们为整个人类物种和地球担忧，而不仅仅是为我们自己担忧，这意味着我们的意识正在扩大，事实上，这是人类历史上不可思议的进步，每个人都有机会超越个人思维局限，无限拓展我们的意识。

我们即将经历的老年时光在人类历史上具有前所未有的意义。我们还不知道如何过好那么长的时间，榜样们还在尝试新方式，在从几代人身上继承的衰老观念和在眼前展现的无限潜力之间来回奔波。

美国婴儿潮一代现在是老人，他们在政治、经济、社会和文化上都拥有绝对权力，这是前几代人无法比拟的。老一辈人不仅有充足的时间，也有热情把精力倾注到有意义的工作上。如果这种力量、时间和激情可以在正确的方向发挥作用，将对个人和更大范围的整个地球产生影响。我们必须相信老年人的力量和智慧并使之成为可能。

当今的老年人是人类物种历史上寿命最长的一代，可以在这个地球上留下他们所追求的价值观和生活方式。根据我们每个人度过晚年的方式，可以建立一个关于老年的全新视角，一种人类历史上从未见过的智慧文化也可以诞生。我希望包括我在内更多老年人能够接受这些历史性的角色和挑战，创造一种崭新的老龄文化。政府、工业、技术或体制并不能改变社会和拯救地球。我们每个人都必须选择这样做，很快会创造出一种崭新的老龄文化，成为改变世界的强大力量。

如果我们后半生追求内在价值和成熟的人格以走向圆满，如果我们过着分享和给予的生活，将留下一个比今天的地球更健康、快乐、平和以及更具有持续性的地球。这样，我们就能像真正的长者一样，有尊严地站在下一代面前，自信骄傲地说：“我们已尽力不给你们留下一个被污染的环境，努力创造一个更加友善、温和、人性化的世界，希望你们也像我们一样，努力为你们的后代留下比现在品质更好的生活。”

I've Decided TO LIVE 120 YEARS

THE ANCIENT SECRET TO LONGEVITY, VITALITY AND LIFE TRANSFORMATION

I've Decided TO LIVE 120 YEARS

THE ANCIENT SECRET TO LONGEVITY, VITALITY AND LIFE TRANSFORMATION

“当思想混乱并被现实束缚时，很难找到真实的自己。从单调的工作和重复的日常生活模式中脱离出来非常重要。来到地球村，一种纯粹的渴望、一种对生活的热爱会自然涌上心头。”

Afterword

后记

来自地球村的特别邀请

A Special Invitation to Earth Village

写这本书对于我来说是件幸事。和许多人一样，我在生活中经历了很多磨难，但困难和快乐相因相生，造就了今天的我。经历了所有这些时刻，我变得更坚强，更加热爱生活。我现在更清楚地认识到真实的自己，更充分地了解生命的价值和目的。本书进一步增加了我对人性的希望，因为它是写给像你们这样想要按照更高标准的自我来过后半生的人。

我有个提议，涉及所谓的间隔年（Gap Year），这一术语通常指在高中和大学之间为了获得各种社会经历和自我发展而休学一年。遗憾的是，如今大多数正规教育都远离自我发展。事实上，学校经常剥夺孩子的自我，让孩子在无休止的竞争中失去自信和自尊，然后看着孩子们放弃对自己和世界的希望，没有什么比这更让人痛心了。

我在韩国创建了本杰明品格教育学校 (Benjamin School for Character Education)，教孩子们生活的真理和技能，大多数学校不会教这些。这个为期一年的课程是针对高中生的一种间隔年计划。学校有五个“没有”：没有课程、没有老师、没有课本、没有考试、没有家庭作业。学校的第一条规则是，制订一个计划，然后按照计划执行。学生们为自己设定了一个自己想做同时可以帮助他人的项目，然后在一年之内完成。在这个过程中，学生的自尊、自信和自我价值得到发展，并持续终生。这将改变他们的命运。

我认为准备要生活在圆满期（即后半生）的人需要这种间隔年。不一定非得是一年时间，可能是几个星期或几个月，或者一年以上。不管多长时间，我都希望人们能花点儿时间完全专注在自己身上，平静地回顾自己前半生的生活，然后再规划后半生。

如果有机会，希望你能到新西兰的凯利凯利地球村参观。地球村正在推进两个主要项目。一个是建立一所学校，让来自世界各地的人们可以在那里待上几个星期或几个月，亲身体验作为地球公民的生活，并成长为地球公民领袖。他们将在这里学习自然的健康实践和生活技能，在健康、幸福与平和中自给自足，训练身心，重新焕发活力。他们还将体验种植蔬菜、饲养小动物、建造房屋和获得与自然友好生活的技能。参与者将学习如何利用大脑的创造力来驾驭管理自己想要的生活。我希望许多地球公民领袖在这里学成后回到社区与他人分享，通过积极的方式改变他们的生活和社区氛围。

正在地球村里进行的第二个项目是新西兰冥想之旅。这是为了让参与者在设计未来生活时可以回顾自己的人生，拥抱升华的梦想。冥想之旅的目的与普通的观光旅游不同，它是观赏和欣赏自然之美。这是一个追求真实自我之旅，一个重新规划人生的旅程。

当思想混乱并被现实束缚时，很难找到真实的自己。从单调的工作和重复的日常生活模式中脱离出来非常重要。你正在进入一个新时空，融入一个全新环境会让你的大脑受到振动。取代习惯性思维模式，大脑将开始产生新想法并形成新思路。从北半球飞到南半球新西兰的经历会刺激你的大脑。当穿越地球赤道，你会感觉“我真的生活在地球上”。你将进入一个未知领地，一个新时空。在新西兰遇见几乎无懈可击的大自然时，它将充满和更新你的身心以及你的一切。

新西兰的地球村拥有特殊能量。清爽、令人振奋的空气好像在地球其他任何地方都呼吸不到。然而，“清新干净”不足以形容这里的空气，不知为什么，这种空气让人全身充满活力。在地球村的树林里，你要做的就是坐在那里呼吸。你会好奇为什么可以呼吸得这么深，为什么你只想继续深呼吸。每次吸气时，会感觉清新的空气进入肺部和大脑的每个角落和缝隙，还会感觉它在清洗和疗愈身体所有的细胞，我称之为净肺效应和净脑效应。

一位来到地球村森林小径的植物学家说，这里有 10 种植物，它们释放出最多的杀菌素，这种天然抗生素可以保护它们免受虫害和病原菌侵害。对人类来说，杀菌素是一种自然疗愈物质，可以缓解压力，增强心肺功能，并具有杀菌效果。

地球村的自然环境很特别，它与新西兰其他地方不同的是这里有精神的存在。这是升华的精神，是地球公民的精神。地球村是一个学习和体验升华的地方，是一个让我们感受真诚渴望升华的地方。当我想到许多人会从世界各地来到这里参观，于是在很多地方开发了冥想升华的设施，所起的名字中都含有升华的意思。

其中一个地方是升华公园，那里有三个瀑布，分别代表天、地、人。我把这些瀑布的美景拍了下来，但照片无法充分传达那份真正充满活力的能量。在保持着自然神圣光辉的原始森林中，体内所有细胞充满了瀑布的声音、鸟声以及溪流经过山谷的声音，大自然的生命能量从长满青苔的岩石、地面和树木中倾泻而出。闭上眼睛在那里沉思片刻，会自然地感觉到天、地、人已经进入你的世界，通过能量成为一体。

当你沉浸在这壮丽的景色中，走在被原始森林包围的 120 级灵魂圆满的台阶上时，思考一下你已经走了多远？你将走向哪里？当你坐在小路尽头宽阔的木板上，你会感觉到神圣的能量像瀑布一样倾泻到头顶，你会受到启发，选择 120 岁的人生。

在离地球村不远的地方，你会遇到一棵雄伟有千年历史的黄杨树，它拥有巨大的生命力。那棵树可能会传递这样的信息：

“欢迎来到这里。我一直在等你。愿你实现升华的梦想，创造更美好的世界。”

我告诉那些参加冥想之旅的人带上一个诚挚的“花都”（hwadu），即一个需要解决的问题。如果你有一个想解决的问题，一个无论怎么想都无法解决的问题，那就是“花都”。你会收到一条明确的信息，去回答你一直在努力认真渴望着要解答的问题。

当大自然的生命能量通过深呼吸进入你的身体，你周围的防御层就会消失，混乱的思想会停止，情绪的能量被净化，这时你能够诚实地观察自己。当纯净的大自然能量填满情感和思想的留白时，你的意识将自动提升。

当内在和外在的大自然合为一体，你能够听到需要的信息，内在的完整性将会觉醒。发现和发展整体性或圆满的过程就是升华的过程，是灵魂圆满的过程。当你遇见一个全新的超越想象的“我”，就能够真正开始生活。你会发现真正的“我”一直深藏在内心深处，超越思想和情感。这就是你真正的价值，人性的价值，生命的价值。

新西兰的冥想之旅是面对自我的时刻，是毛毛虫在茧中要转变的时刻。如果一只小鸡要从鸡蛋中出来，必须勇敢地啄破蛋壳。同样，我们必须毫不犹豫地选择为自己规划新的人生。我们生活在既定的社会制度所要求的环境之中，虽然我们一直努力地生活，但如果有机会，我们都想为自己设计新的人生。每个人都渴望以更高的价值观生活，超越以往的思想、记忆和习惯。当我们邂逅那份美好、完美、真实的自我时，希望便在心中复苏，而这份复苏的希望可以成为世界的希望。

开发“地球村”时，我逐渐相信这里将是一片创造新热情的土地。当你来到地球村，一种纯粹的渴望、一种对生活的热爱会自然涌上心头。你们会感到一种为了拯救自己、为了成为地球和全人类希望的热情。渴望是你给大脑最好的礼物。有了这个梦想，我们的大脑就会找出活到 120 岁的理由和目的。大脑开始规划升华的生命，这是我们真正想要的生活。我想让每一个来到地球村的人都能找到梦想和激情。这就是为什么我要创建地球村，为什么要用余生为世界、人类和地球而工作。

此时此刻，所有生活都精彩而美丽。如果我们真心实意地选择用我们的生命能量做点儿什么，生命的能量将会更加闪耀，直到最后时刻。我向你致以最深切的敬意和感谢，感谢你迄今为止为自己和他人所做的一切善行。我们所做的一切都是为了让这个世界变得更美好，这些行动也将在未来实现这个目标。生命能量不可避免地会随着时间而耗尽，我们将如何利用剩余能量？这是最重要的。我们不妨运用生命能量充满激情去实现梦想，在我们离去后，为这个世界留下灿烂而美丽的东西。

感谢阅读本书，希望我对圆满人生的思考能帮助你拥有更丰富的生活。愿你的人生充满圆满的喜悦，愿你 120 年的生命随着健康快乐地实现梦想而美好地老去。

李承宪

于新西兰地球村

致谢

本书在写作过程中得到各界人士的帮助与支持，在此我深表感谢。

贝斯特生活传媒的海琳·穆恩和吴吉英为全书贡献了编辑制作的专业知识。丹尼尔·格雷厄姆将本书韩文版翻译成英文，妮可·迪恩和菲利斯·埃尔文将英文转化为引人入胜、通俗易懂的阅读文本。休·范德·胡克对手稿进行了最后的校对润色。黛博拉·科迪博士在编辑过程中提供了颇具价值的反馈意见，米凯拉·曼贾拉希娜帮助完成后期书籍制作。海琳·穆恩和乔丹·戴蒙德贡献了美丽的新西兰照片，乔扬·里夫则贡献了温暖的插图。

许多已步入后半生的朋友分享了他们关于成功老龄化的故事和想法，这些人包括：苏珊·杰勒斯、艾丽丝·盖特、安妮·科弗特、桑德拉·希尔、大卫·普卢默、珍妮特·德维达、布莱恩·奥莱利、马蒂·贝、乔伊·维尼加斯和苏珊·普罗斯特。虽然我不能把他们都写进书中，但他们的生活和对社区的奉献精神激励着我，也为其他人树立了光辉的榜样。

非常感谢所有支持本书的开明长者们——芭芭拉·马克

思·哈伯德、唐·米格尔·曾伊斯、尼尔·唐纳德·沃尔什、迈克尔·伯纳德·贝克威斯、克里斯蒂安·诺森普博士、埃默里·梅耶博士、里德·特福克森博士、杰西·琼斯博士、达雷尔·沃尔夫博士——由衷地感谢你们对我的勉励。

此外，我还要特别感谢陈文灿先生。没有他的热情与奉献，不可能把本书带给中文读者。在被简体中文译稿深深打动后，陈文灿先生和他美国的朋友、同事又组成几个学习小组，将其译成繁体中文，与更多人分享本书的变革力量。正是由于陈文灿先生最初的翻译，本书才能被更多使用汉语的人所熟知。

关于作者

李承宪是一位富有激情的梦想家、教育家、人生导师和创新者，毕生致力于教授人体能量理论，研究和开发培养人类大脑全方位潜能的方法。

35 年来，他的人生使命一直是帮助人们利用自己的创造力和个人潜能。为此，他开发了许多成功的身心训练方法，包括体脑瑜伽和大脑教育。他的理论和方法鼓舞了世界各地许多人过上更健康更幸福的生活。

李承宪是《纽约时报》畅销书作家，拥有 40 多本著作，包括《塞多纳的呼唤：心灵之旅》（*The Call of Sedona: Journey of the Heart*）《改变：实现你最大的潜能》（*Change: Realizing your Greatest Potential*）以及《超级大脑：升级大脑操作系统的五个步骤》（*The Power Brain: Five steps to Upgrading Your Brain Operating System*）。

同时，李承宪还是一位备受尊敬的人道主义者，一直与联合国和其他组织合作，为全球和平而努力。他发起了一场“地球公民运动”（Earth Citizen Movement），旨在提高人们对地球公民价值观的认识，并将其付诸全球性的实践。

李承宪是大脑教育大学的校长、全球网络大学校长、国际脑教育协会主席。更多有关李承宪及其作品的资料，可浏览官方网站。